Kurze Anleitung

zur

Appretur-Analyse

von

Dr. Wilhelm Massot,

Lehrer an der preussischen höheren Fachschule für Textilindustrie (Färberei und Appreturschule)
Krefeld.

Berlin.

Verlag von Julius Springer.

1900.

ISBN-13: 978-3-642-90082-2   e-ISBN-13: 978-3-642-91939-8
DOI: 10.1007/978-3-642-91939-8

Softcover reprint of the hardcover 1st edition 1990

Vorrede.

Das vorliegende kleine Bändchen, welches als kurzer Leitfaden bei Appreturuntersuchungen dienen soll, ist aus dem Bedürfniss herausgewachsen, meinen Schülern beim Unterricht im Laboratorium auf diesem Gebiete eine gedruckte, systematische, einheitliche Zusammenstellung und Gruppirung des Stoffes zu bieten, um ihnen die Arbeit und mir selbst die Anleitung zu erleichtern, namentlich das lästige und zeitraubende Abschreiben von Tabellen und zerstreuten Litteraturangaben, oder das Diktiren von langen und für alle Fälle oft nicht zutreffenden Vorschriften unnöthig zu machen. Das kleine Werkchen verfolgt daher in erster Linie den Zweck, Studirenden an Färberei- und Appreturschulen oder ähnlichen Anstalten, welche sich mit dem hier dargelegten Gegenstande eingehender zu beschäftigen haben, als Gerippe, wenn ich so sagen darf, bei der zunächst schulmässigen Ausführung von Appreturuntersuchungen zu dienen, einen allgemeinen Ueberblick zu gewähren über die wichtigsten chemischen Reaktionen der gebräuchlichsten Appreturmittel und über die Methoden, wie man dieselben in Gemischen, sei es unabhängig von der Faser, sei es auf der Faser, auffinden und ihrer Zugehörigkeit nach bestimmen kann. Von diesem Standpunkte aus habe ich meine mehrjährigen praktischen Erfahrungen bei den Untersuchungen einer beträcht-

lichen Anzahl der verschiedenartigsten technischen Appreturgemische und von appretirten Geweben aus der Industrie, wie
sie im technisch chemischen Laboratorium der Anstalt fast
tagtäglich ausgeführt werden, zur Aufstellung eines systematischen Prüfungsganges zu verwerthen gesucht, welcher in einigermassen zielbewusster, übersichtlicher Weise dazu führen soll,
mit Sicherheit die möglichen Substanzen in einem fabrikmässig
hergestellten Gemische der gebräuchlichsten Appreturmittel aufzufinden und das blosse Umherprüfen mit Hilfe einer Reihe
von Reaktionen, wobei oft der eine oder der andere Körper
übersehen werden kann, zu vermeiden. So sehr ich im Rahmen
des Nachfolgenden bestrebt gewesen bin, dem Nothwendigen
und Wichtigen, welches in diesem Sinne zu erörtern ist, gerecht zu werden, so kann es doch nicht in der Aufgabe eines
kurzen Leitfadens liegen, allen nur irgend möglichen Fällen
auf einem ziemlich ausgebreiteten und dazu fortwährenden
Schwankungen und Grenzerweiterungen unterworfenen Gebiete
Rechnung zu tragen, die Zusammenfassung ist eine derartige,
dass bei eingehenderem Studium die Fachlitteratur und etwas
Kenntniss in der Technik der Appretur die Untersuchungsergebnisse fördern und unterstützen müssen. Nur die wichtigsten
Appreturmittel, namentlich gilt dies von den organischen Körpern, sind in den Untersuchungsgang hereingezogen worden
und es ist von einer näheren Besprechung der einzelnen Formen der technischen Appreturmassen und ihrer Bezeichnungen
abgesehen worden.

Wenn nun auch die kleine Arbeit zunächst zum Schulzwecke selbst bestimmt ist, so hoffe ich doch, dass sie auch
den in der Praxis Stehenden, auf Appreturuntersuchungen
Angewiesenen, nützlich sein werde, namentlich Denjenigen, welche
mit einschlägigen Verhältnissen in Berührung kommend, einen
genügenden oder abschliessenden chemischen Unterricht nicht

genossen, oder durch langjährige, allgemeine praktische Thätigkeit, das früher Erlernte wieder vergessen haben. Von letzterer Auffassung geleitet, habe ich es daher für nöthig gehalten, einen kurzen Abschnitt über die Analyse der anorganischen Bestandtheile von Appreturgemischen vorauszuschicken, in welchem das Nothwendigste enthalten ist, um dem in der allgemeinen qualitativen Analyse nicht mehr ganz sicheren Praktiker die Arbeit zu erleichtern. Vor dem Abschnitte, in welchem die Prüfung der Fette und ähnlicher Substanzen abgehandelt ist, wurde eine kurze Erklärung der chemischen Beschaffenheit dieser Körper, sowie die Beschreibung der wichtigsten physikalischen Untersuchungsmethoden eingefügt, welche dazu bestimmt sind, das Verständniss für die vorzunehmenden Reaktionen und Bestimmungsweisen dieser Körper zu erweitern. Auf die, für die sichere Erkennung der Zugehörigkeit eines Fettes so wichtigen quantitativen Reaktionen, die näheren Angaben zur Ausführung der Verseifungszahl, Jodzahl, Acetylzahl, konnte im Rahmen eines kurzen Leitfadens nur hingewiesen, nicht aber näher eingegangen werden. Im Anhange sind die zur Analyse nothwendigen Reagentien, soweit es nützlich erschien auch nähere Bereitungsangaben, kurz zusammengestellt. — Als Hilfsquellen wurden verwendet: Fresenius, qualitative anorganische Analyse, Barfoed, organische, qualitative Analyse, Benedikt, Analyse der Fette und Wachsarten, Holde, die Untersuchung der Schmiermittel, Künkler, Maschinenschmierung, Grothe, die Appretur der Gewebe, Husemann-Hilger, Pflanzenstoffe.

Obwohl sich das kleine Werkchen wie ich überzeugt bin, beim praktischen Gebrauche als nach manchen Richtungen hin verbesserungs- und wohl auch erweiterungsbedürftig erweisen wird, so übergebe ich es doch schon jetzt, wie es ist, der Oeffentlichkeit, weil ich glaube, dass es seinen Hauptzweck,

als übersichtlicher Leitfaden bei Appreturuntersuchungen zu
dienen, auch in seiner gegenwärtigen Form schon erreichen
wird und hoffe von diesem Gesichtspunkte aus auf eine nach-
sichtige Beurtheilung seiner etwaigen Mängel.

Krefeld, im April 1900.

Der Verfasser.

Inhaltsübersicht.

Abschnitt III.

Die qualitative Untersuchung der Appretur der Gewebe.

Anhang.

Einleitung.

Die im Nachfolgenden beschriebene analytische Bestimmung
und Erkennung der wichtigsten und gebräuchlichsten Appreturmittel erstreckt sich auf den Nachweis der anorganischen,
d. h. beim Glühen unzerstörbaren und organischen, d. h. in der
Glühhitze verbrennlichen Substanzen, welche für diese Zwecke
in Anwendung zu kommen pflegen. Zunächst ist die Erkennung
dieser Körper in Gemischen, die Untersuchung der sogenannten
technischen Appreturmittel, wie sie in den verschiedenartigsten
Formen z. B. als feste Körper, Pulver, Pasten, weiter als Emulsionen, Lösungen dünnflüssiger und schwerflüssiger Art, als
Fette, Oele und dergleichen zum Appretieren der Gewebe in den
Handel gebracht werden, in Betracht gezogen.

Anschliessend an diese Ausführungen, in welchen der allgemeine analytische Gang für solche Untersuchungen entwickelt
ist, reiht sich die Anwendung dieser Prüfungsmethoden bei der
Bestimmung der Appretur der Gewebe. Die nach dem Ablösen
der Appreturmittel von der Faser erhaltenen Lösungen und
etwaigen festen Körper, sind mit einigen Einschränkungen im
wesentlichen nach denselben Gesichtspunkten zu unterssuchen,
wie sie für die Bestimmung der einzelnen Substanzen in technischen Appreturgemischen dargelegt wurden.

Da, wie eingangs bereits bemerkt wurde, die Technik für
Appreturzwecke Körper benutzt, welche einerseits der anorganischen, anderseits der organischen Reihe entnommen sind, so
ist als Grundlage für alle Untersuchungen zunächst festzustellen,

ob Körper beider Art zugleich vorliegen und bei der Analyse Berücksichtigung finden müssen, oder ob sich die Bestimmung im Rahmen der analytischen Prüfungsmethoden der einen oder der anderen Körperklasse allein zu bewegen hat.

Zu diesem Zwecke bringt man von festen Körpern ein kleines Quantum auf ein Platinblech und erhitzt in der nicht leuchtenden Bunsenflamme zum Glühen. Organische, d. h. kohlenstoffhaltige Körper verbrennen dabei, meist unter vorübergehender Schwärzung und Auftreten brenzlicher Dämpfe, anorganische Substanzen bleiben auch nach langandauerndem Glühen, als unzerstörbare Asche zurück.

Von Flüssigkeiten, einerlei ob dieselben klar, oder durch Ausscheidungen getrübt sind, dampft man einen gewissen Antheil in einem Porzellanschälchen auf dem Wasserbade zur Trockne ein, bringt den Rückstand auf ein Platinblech und prüft wie vorher.

Sind anorganische und organische Körper gleichzeitig vorhanden, so zerfällt die Untersuchung in zwei Theile. Die Bestimmung der anorganischen Bestandtheile geschieht nach Abschnitt I, diejenige der organischen Appreturmittel nach Abschnitt II.

Die Bestimmung der anorganischen Appreturmittel.

Die anorganischen Appreturmittel sind theils in Wasser löslich, theils darin unlöslich.

Es lösen sich in Wasser:

Natriumsulfat (Glaubersalz), Magnesiumsulfat (Bittersalz), Alaun (Ammoniumaluminiumsulfat oder Kaliumaluminiumsulfat), Zinksulfat (Zinkvitriol), Ferrosulfat (Eisenvitriol), Kupfersulfat (Blaustein, Kupfervitriol), Chlorammonium (Salmiak), Chlornatrium (Kochsalz), Chlormagnesium, Chlorcalcium, Chlorbaryum, Chlorzink, Natriumphosphat, Ammoniumphosphat, Natriumsilicat (Wasserglas), Borax, Borsäure, Natriumcarbonat (Soda), Natriumacetat (essigsaures Natron), Stannoacetat (essigsaures Zinnoxydul), Kaliumbitartrat (Weinstein).

Es lösen sich nicht in Wasser:

Baryumsulfat (Schwerspath), Calciumsulfat (Gyps), Baryumcarbonat (Witherit), Magnesiumsilicat (Talk), Aluminiumsilicat (China Clay), Thonerde, Calciumphosphat, Bleioxyd.

a) Zur Untersuchung liegen wässerige Lösungen vor, welche anorganische Antheile enthalten.

Sind organische Substanzen nicht zugegen, so wird die Lösung direkt der Analyse unterworfen, nachdem man sich

vorher mit einer kleinen, zur Trockne eingedampften Probe mit
Hilfe der Phosphorsalzperle (siehe Vorprüfungen) überzeugt hat,
ob Kieselsäure (in diesem Falle von Wasserglas herrührend)
vorhanden ist, oder nicht. Ist Kieselsäure nachgewiesen, so
verfährt man, indem man die Lösung unter Zusatz von Salzsäure zur Trockne eindampft, nach Gang II, andernfalls nach
Gang I. Sind dagegen organische Bestandtheile zu berücksichtigen, so dampft man einen Theil der Lösung (eine zweite Hälfte
muss alsdann für die Prüfung nach Abschnitt II verwendet
werden) auf dem Wasserbade zur Trockne ein, zerstört die
organische Substanz durch Glühen im Tiegel und unterwirft die
Asche je nach Ausfall der Vorprüfung der eingehenderen Untersuchung nach Gang I oder II.

b) Zur Untersuchung liegen feste Körper oder Pasten
   vor, welche anorganische Antheile enthalten.

Dahin zu rechnen sind auch feste, z. B. pulverige Ab-
scheidungen, welche sich beim Stehen aus Flüssigkeiten zu
Boden setzen und durch Abgiessung der darüber stehenden
Lösung, oder durch Filtration getrennt und isolirt werden können.

Sind nur unverbrennliche Substanzen zugegen, so verwendet
man einen Theil des Untersuchungsmaterials anschliessend an
die Ergebnisse der Vorprüfung direkt zur qualitativen Analyse.
Handelt es sich um ein Gemisch mit kohlenstoffhaltigen Körpern,
so sind diese wiederum zunächst durch Glühen zu zerstören,
worauf die Asche, nachdem sie nach den unten angeführten
Regeln der Vorprüfung näher untersucht und in Lösung gebracht
ist, der Analyse unterworfen wird.

Die Herstellung der Asche.

Den Verdampfungsrückstand der wässerigen Lösung, oder
ein nicht zu geringes Quantum eines festen Körpers oder einer
Paste, bringt man zur Zerstörung etwaiger organischer Bestandtheile in einen Platintiegel, besser in eine Platinschale, oder
falls solche nicht zur Verfügung stehen, in einen Porzellantiegel
und erhitzt in der nichtleuchtenden Flamme des Bunsenbrenners
bis zur völligen Zerstörung der organischen Substanzen. Die

Bildung einer von Kohle freien Asche ist häufig, namentlich wenn im Porzellantiegel gearbeitet wird, oder falls stickstoffhaltige Körper wie Leim oder Eiweiss zugegen sind, nicht ohne Schwierigkeit. Sehr empfehlenswert ist es daher unter diesen Umständen zur Erleichterung der Aschenbildung, den Tiegel oder die Schale, in welchen die Operation vorgenommen werden soll, in eine Asbestplatte, welche in der Mitte mit einem kreisförmigen Ausschnitte versehen ist, so einzusetzen, dass der Rand eben noch deutlich hervorsieht. Platte nebst Tiegel legt man auf einen Dreifuss, welchem durch einseitige Unterlage eine mässige Neigung ertheilt wird. Der Vortheil der kleinen Vorrichtung besteht im wesentlichen darin, dass beim nachfolgenden Erhitzen die Luft bei der Ablenkung der Flammengase durch die Asbestplatte ungehindert hinzutreten kann, wodurch eine beschleunigte Verbrennung der organischen Substanzen erreicht wird.

Das Vornehmen der Veraschung über dem Gebläse ist mit Vorsicht auszuführen, da eine theilweise Verflüchtigung mancher Aschenbestandtheile bei allzustarkem Erhitzen nicht ausgeschlossen erscheint. Langsame und unvollständige Verbrennung der organischen Materie steht häufig damit in Zusammenhang, dass Kohletheilchen durch geschmolzene Antheile der anorganischen Körper umhüllt und damit vor der Oxydation geschützt werden. Diesem Umstande kann dadurch entgegengearbeitet werden, dass man den Rückstand im Tiegel nach dem Erkalten ordentlich mit destillirtem Wasser befeuchtet, wodurch die Hülle, falls sie in Wasser löslich ist, entfernt wird und nun bei darauffolgendem Erhitzen und Glühen der Verbrennung der Kohletheilchen nicht mehr hindernd im Wege steht. Zum Befeuchten solcher Aschen lässt sich mit Vortheil an Stelle von Wasser in den meisten Fällen auch verdünnte Salpetersäure verwenden, welche gleichzeitig oxydirend auf die organische Substanz einwirkt. Durch vorsichtiges, gelindes Erwärmen über der Flamme oder auf dem Wasserbade entfernt man die Flüssigkeit wieder und glüht weiter bis die Asche ein gleichmässiges Aussehen zeigt und keine unverbrannten Kohletheilchen mehr wahrnehmbar sind. Führt die geschilderte Behandlungsweise, was selten vorkommt, nicht zum Ziele, so nimmt man die kohlehaltige Asche aus dem Tiegel heraus, zerdrückt sie in einem Porzellanschälchen mit dem Pistill oder mit einem Glasstabe und kocht sie mit Wasser aus. Vom Rückstand filtrirt man ab, trocknet auf dem Filter, bringt ihn wieder in den Tiegel zurück und verascht ihn durch fortgesetztes Glühen. Der wässerige Auszug ist gleichfalls auf anorganische Körper zu prüfen. Diese Behandlungsweise ist dazu angethan, die Aschenbildung wesentlich zu unterstützen und das Glühen abzukürzen. Es darf nicht übersehen werden, dass Ammonsalze beim Veraschen unter allen Umständen verflüchtigt werden. Auf Ammoniumverbindungen ist daher ein Theil des ursprünglichen Untersuchungsmateriales besonders zu prüfen.

Vorprüfungen.

Ehe man zur eigentlichen Analyse übergeht, ist es angebracht einige Vorprüfungen mit der Asche vorzunehmen, aus deren Ergebnissen sich häufig Anhaltspunkte für das Vorhandensein oder Fehlen des einen oder des anderen Körpers ergeben.

1. Die Vorprüfung in der Phosphorsalzperle[1]).

Das Ende eines Platindrahtes, welchen man in ein Stückchen Glasstab eingeschmolzen hat, um ihn besser handhaben zu können, biegt man so um, dass ein kleines Oehr entsteht, macht dieses in der Bunsenflamme glühend und taucht es dann schnell in etwas pulverisirtes Phosphorsalz. (Natriumammoniumphosphat.) Mit den daran haftengebliebenen Theilen bringt man das Drahtende in die äussere Flamme und erhitzt hier, anfangs zeitweilig aus der Flamme herausnehmend, bis das Aufschäumen nachgelassen hat und ein klares, das Oehr vollständig ausfüllendes Glas erhalten ist. Die so hergestellte Phosphorsalzperle bringt man mit der vorliegenden Asche oder dem pulverisirten festen Körper, welcher keine organischen Substanzen enthielt, in Be-

---

[1]) Eisenverbindungen erzeugen in der äusseren Flamme des Bunsenbrenners eine in der Hitze gelb bis dunkelrothe, in der Kälte hellere bis farblose Perle (Oxydationsperle). Bringt man dieselbe, indem man die Luftzufuhr des Brenners so regulirt, dass eben eine wenig leuchtende Spitze entsteht, in diese Spitze und erhitzt hier einige Zeit, so wird die Perle beim Erkalten grün bis farblos (Reduktionsperle). Chromverbindungen liefern eine grüne Oxydations- und eine grüne Reduktionsperle. Bei Manganverbindungen ist die Oxydationsperle violett, die Reduktionsperle farblos.

rührung, so dass ein ganz kleines Antheilchen daran haften bleibt und erhitzt nun abermals in der äusseren Bunsenflamme. Kieselsaure Salze (Silicate) lassen sich daran erkennen, dass die ursprünglich klare Perle durch in derselben umherschwimmende Flöckchen und Wölkchen, welche auch bei lang andauerndem Erhitzen nicht gelöst werden und daher nicht verschwinden, theilweise getrübt erscheint. (Kieselskelett.)

Von Silicaten pflegen in der Appretur Verwendung zu finden: Natriumsilicat (Wasserglas), Magnesiumsilicat (Talk), Aluminiumsilicat (China Clay).

2. Die Vorprüfung mit Hilfe der Flammenfärbung.

Ein kleines Quantum der Asche oder des Körpers, welcher frei ist von organischer Substanz, bringt man auf ein Uhrgläschen, befeuchtet mit einigen Tropfen concentrirter Salzsäure und bringt eine Kleinigkeit des dünnen Breies an dem Oehre des Platindrahtes in die äussere nicht leuchtende Bunsenflamme.

Natriumverbindungen werden an einer intensiven Gelbfärbung der Flamme erkannt, welche sich noch weiterhin dadurch charakterisiren lässt, dass ein Krystall von Kaliumbichromat (saures chromsaures Kalium) in ihrer Beleuchtung fast farblos erscheint. Man hält den Krystall mit einer Zange in die Nähe der Flamme, so dass er deren Licht voll empfängt. Kaliumverbindungen von Kalialaun oder Weinstein herrührend, lassen sich durch eine Violettfärbung der Flamme wahrnehmen. Die gelbe Natriumflamme verdeckt die violette Kaliumflamme. Letztere lässt sich jedoch deutlich beobachten, sobald man die Flamme durch ein blaues Glas betrachtet, welches die gelben Strahlen nicht hindurchlässt.

Calciumverbindungen ertheilen der Flamme eine deutlich gelbrothe, Baryumverbindungen eine grüne Färbung.

Systematischer Gang der qualitativen anorganischen Analyse.

a) Die Vorprüfung in der Phosphorsalzperle hat die Abwesenheit von Silicaten ergeben: Alsdann bringt man ein kleines Theilchen der Asche in ein Reagensglas, übergiesst mit Wasser und kocht auf. Tritt keine oder nur unvollständige Lösung ein, so versetzt man mit concentrirter Salpetersäure oder Salzsäure, und erhitzt abermals einige Zeit über der Flamme. Erfolgt auch dabei keine Lösung, so behandelt man ein neues Theilchen der Asche direkt mit concentrirter Salpeter- oder Salzsäure.

Hat sich die Asche oder der zur Untersuchung vorliegende Körper bei einer dieser Prüfungen als löslich erwiesen, so bringt man den Hauptantheil in geeigneter Weise in Lösung und untersucht dieselbe näher nach Gang I.

Fand bei der Behandlung mit concentrirten Säuren theilweise Lösung statt (ob sich etwas gelöst hat, erkennt man an einem Rückstande, welcher beim Verdampfen eines Theiles der Flüssigkeit auf einem Platindeckel bleibt), so wird der grössere Theil der Asche mit concentrirter Säure ausgezogen, die Lösung durch Filtration vom Rückstande getrennt, dieser der Analyse nach Gang II unterworfen, während jene wiederum nach Gang I zu behandeln ist. Erweist sich die Asche auch in concentrirten Säuren vollständig unlöslich, so ist dieselbe nach Gang II zu untersuchen.

b) Die Vorprüfung in der Phosphorsalzperle hat das Vorhandensein von Silicaten erwiesen: Man wendet sich direkt zu Gang II.

Gang I.

In Wasser, Salpetersäure oder Salzsäure lösliche Körper.

Die Asche wird im Tiegel oder in der Schale mit dem entsprechenden Lösungsmittel, Wasser, Salpetersäure oder Salzsäure übergossen und mit der Flamme vorsichtig erwärmt. Die erhaltene Lösung wird in ein Becherglas abgegossen und der Tiegel mit Wasser nachgespült. Einen etwaigen, in concentrirten Säuren unlöslichen Rückstand sammelt man auf einem Filterchen, wäscht ihn mit Wasser gut aus, trocknet ihn und verfährt mit demselben, wie schon oben bemerkt, nach Gang II.

Die Analyse erstreckt sich sowohl auf den Nachweis der Basen als auch auf die Bestimmung der Säuren, welche mit den Basen verbunden sind. Den Haupttheil der wässerigen, salpetersauren oder salzsauren Lösung benutzt man zur Bestimmung der Basen, der Rest kann zum Nachweis der Säuren herangezogen werden.

1. Prüfung auf Basen.

Gruppe I.

Prüfung auf: Blei, Kupfer, Zinn.

Zu einem kleinen, in ein Reagensglas gebrachten Theile der wässerigen, mit etwas Salzsäure versetzten oder der mit Wasser verdünnten salpetersauren oder salzsauren Lösung, giebt man etwas frisch bereitetes Schwefelwasserstoffwasser, bis die Flüssigkeit auch beim Umschütteln deutlich danach riecht, erwärmt etwas und lässt kurze Zeit stehen. Entsteht dadurch kein Niederschlag, abgesehen von einer schwachen Trübung, welche auf Schwefelausscheidung zurückzuführen ist, so liegen Blei, Kupfer und Zinn nicht vor. Man geht in diesem Falle zur weiteren Untersuchung der Lösung zu Gruppe II über.

Entsteht dagegen ein deutlicher Niederschlag, so wird der Haupttheil der Lösung wie oben mit Schwefelwasserstoffwasser versetzt und alles dadurch Fällbare niedergeschlagen. Steht ein Schwefelwasserstoffentwicklungsapparat zur Verfügung, so leitet man in die Lösung solange mit Wasser gewaschenes Schwefelwasserstoffgas ein, bis der Geruch danach deutlich hervortritt, erwärmt ganz gelinde und lässt zugedeckt kurze Zeit stehen.

Ist die Farbe des Niederschlages schwarz, so wird Blei oder Kupfer in Frage kommen, ein gelber bis gelbbrauner Niederschlag würde vorwiegend auf Zinn schliessen lassen. Da das Letztere als Appreturmittel nur in seltenen Ausnahmefällen zu berücksichtigen sein wird, so kommt für die Untersuchung eines etwaigen Schwefelwasserstoffniederschlages, wenn nicht gerade die Farbe desselben auf Zinn hinweist, in der Regel nur der Nachweis von Kupfer und Blei in Betracht. Zur Prüfung auf die beiden Genannten sammelt man den Niederschlag auf einem glatten Filterchen, wäscht mit destillirtem Wasser aus, legt das Filter auf dem Boden einer kleinen Porzellanschale auseinander, übergiesst den nun freiliegenden Niederschlag mit verdünnter

Salpetersäure und erhitzt. Nach eingetretener Lösung verdünnt man mit etwas destillirtem Wasser, filtrirt von dem Filterbrei und kleinen Resten von Schwefel ab, wäscht mit Wasser nach und verdampft das Filtrat zur Verjagung der überschüssigen Salpetersäure in einem kleinen Schälchen auf ein kleines Volum. Die klare Lösung giesst man nun in ein Reagensgläschen, setzt verdünnte Schwefelsäure hinzu und lässt einige Zeit stehen. Ein entweder sofort, oder sehr bald eintretender weisser Niederschlag beweist die Gegenwart von Blei. Zum Filtrat dieses Niederschlages oder zu der Flüssigkeit, in welcher Schwefelsäure keine Fällung hervorbrachte, setzt man Ammoniak im Ueberschuss. Eine daraufhin eintretende Blaufärbung ist für Kupfer beweisend. Um auch Spuren desselben, welche bei der Prüfung mit Ammoniak übersehen werden könnten, zu erkennen, verdampft man die ammoniakalische Lösung bis fast zur Trockne, nimmt mit etwas Wasser und einer Spur Salzsäure auf und giebt etwas Ferrocyankaliumlösung hinzu. Bei Gegenwart von Kupfer entsteht eine bräunlich rothe Trübung oder ein solcher Niederschlag.

Muss die Prüfung auf Zinn Berücksichtigung finden, so übergiesst man den ausgewaschenen Schwefelwasserstoffniederschlag mit samt dem in einem Porzellanschälchen ausgebreiteten Filter mit Schwefelnatriumlösung und erwärmt einige Zeit ganz gelinde über der Flamme. Nach dem Absitzen wird abfiltrirt und der Filterinhalt mit destillirtem Wasser nachgewaschen. Den in Schwefelnatrium unlöslichen Theil behandelt man samt Filterrückstand wie oben angegeben zur Prüfung auf Blei und Kupfer, die abfiltrirte Schwefelnatriumlösung aber, in welcher sich etwaiges Zinn als Sulfosalz befindet, säuert man zur Abscheidung von gelbem Schwefelzinn mit Salzsäure an. Der gleichzeitig in fein zertheiltem Zustande mit ausfallende Schwefel, kann unter Umständen bei kleinen Mengen von Schwefelzinn dessen Wahrnehmung mit blossem Auge verdecken. Nach gelindem Erwärmen filtrirt man vom Niederschlage ab, wäscht mit Wasser nach und befreit nach vollständigem Abtropfen des Wassers möglichst von Feuchtigkeit durch vorsichtiges Abpressen zwischen Filtrirpapier, übergiesst Niederschlag und Filter, falls sich der Erstere seiner geringen Menge wegen nicht genügend isoliren liess, in einem Porzellanschälchen mit concentrirter Salzsäure und erwärmt.

Schwefelzinn [1]) geht bei dieser Behandlung als Chlorverbindung in Lösung. Das Filtrat wird mit einem Stückchen granulirten Zink versetzt, wodurch sich das Zinn als Metallpulver ausscheidet. Sobald keine Veränderung mehr eintritt, giesst man die überstehende Flüssigkeit ab und löst den restirenden Metallschwamm in Salzsäure unter gelindem Erwärmen auf. Bei Gegenwart von Zinn erhält man in dieser Lösung auf Zusatz von Quecksilberchlorid einen weissen Niederschlag von Quecksilberchlorür.

Gruppe II.

Prüfung auf: Aluminium (Thonerde), Eisen, Zink, phosphorsaure alkalische Erden, (Calcium, Baryum, Magnesium bei Gegenwart von Phosphorsäure.)

Einen kleinen Theil der Lösung, welche durch Schwefelwasserstoff nicht gefällt wurde, oder des Filtrates des Schwefelwasserstoffniederschlages, versetzt man, nachdem im letzteren Falle zur Verjagung des Schwefelwasserstoffs im Reagensgläschen bis zum Verschwinden des Geruches danach gekocht ist, mit einigen Tropfen Salpetersäure, kocht nochmals, giebt Ammoniak bis zur deutlich alkalischen Reaktion hinzu und erhitzt.

Nachdem man sich überzeugt hat, ob durch Ammoniak ein Niederschlag hervorgerufen wurde oder nicht, giebt man noch etwas Schwefelammonium hinzu und beobachtet eine etwaige Veränderung.

a) Weder Ammoniak noch Schwefelammonium erzeugte einen Niederschlag: Alsdann ist keiner der obengenannten Körper zugegen und man geht zur weiteren Untersuchung mit dem Haupttheile der Lösung zu Gruppe III über.

b) Durch Ammoniak entstand kein Niederschlag, wohl aber durch Schwefelammonium: Eisen ist, abgesehen von Spuren, welche vielleicht bei der Behandlung mit Ammoniak übersehen wurden, nicht vorhanden, ausgeschlossen sind ferner Thonerde und Phosphate der alkalischen Erden. Die Prüfung

---

[1]) Zum etwaigen Nachweis von Antimon, welches sich gegebenen Falles mit in dieser salzsauren Lösung befinden würde, bringt man einen Theil derselben mit einem Stückchen Zink zusammen auf ein Platinblech. Die Bildung eines schwarzen Flecks zeigt Antimon an.

des Niederschlages erstreckt sich auf den Nachweis von Zink nach α (siehe unten).

c) **Durch Ammoniak allein entstand schon ein Niederschlag:** In diesem Falle können alle in Gruppe II möglichen Verbindungen, namentlich auch die oben erwähnten Phosphate in Frage kommen, falls die zur Analyse herangezogene Asche oder ein sonstiger zur Untersuchung gelangender fester Körper in Säure gelöst werden musste. Um zu entscheiden, ob phosphorsaure alkalische Erden in der Ammoniakfällung enthalten sind, prüft man einen kleinen Antheil der zum Nachweis der Säuren aufbewahrten salpetersauren oder salzsauren Lösung auf Phosphorsäure. Ein Reagensgläschen füllt man zu diesem Zwecke etwa halbvoll mit einer Lösung von molybdänsaurem Ammon in Salpetersäure, setzt von der zu prüfenden Flüssigkeit einige Kubikcentimeter hinzu und erwärmt kurze Zeit ganz gelinde. Bei einigermassen beträchtlichen Mengen von Phosphorsäure erhält man nach kurzer Zeit einen hellgelben Niederschlag, welcher bei Spuren der Säure oft erst nach langem Stehen zum Vorschein kommt.

Ist das Vorhandensein von Phosphorsäure bewiesen, so muss die Untersuchung des mit Ammoniak und Schwefelammonium im Haupttheile der Lösung erhaltenen Niederschlages nach β erfolgen. Wurde Phosphorsäure nicht gefunden, so arbeitet man nach α.

α) *Prüfung auf Eisen, Thonerde, Zink, im Falle Phosphate nicht zu berücksichtigen sind.*

Den Haupttheil der Lösung, von welcher eine kleine Probe zur Vorprüfung nach obiger Angabe benutzt wurde, versetzt man zunächst mit etwas Chlorammonium, dann mit Ammoniak und zuletzt mit Schwefelammonium bis der Geruch desselben deutlich zu erkennen ist, erwärmt gelinde, sammelt den Niederschlag auf einem Filter und wäscht ihn mit destillirtem Wasser aus. Das Filtrat wird einstweilen für die nachfolgenden Prüfungen nach Gruppe III zur Seite gestellt. Den Niederschlag löst man in einem kleinen Porzellanschälchen in verdünnter Salzsäure unter Erwärmen auf, kocht zur Verjagung von Schwefelwasserstoff, oxydirt mit etwas verdünnter Salpetersäure, filtrirt und engt die Lösung durch Verdampfen auf ein kleines Volum ein. Darauf giebt man Kalilauge oder Natronlauge im Ueberschusse hinzu und erhitzt unter öfterem Umrühren einige Zeit bis zum Kochen. Ob ein Ueberschuss von Lauge vorliegt, erkennt man daran, dass ein Tropfen der Flüssigkeit zwischen die Finger gebracht ein schlüpfriges Gefühl bewirkt.

Eisen giebt sich durch Abscheidung von braunem Eisenoxydhydrat[1]) zu erkennen, während etwaige durch Natronlauge entstehende Niederschläge von Zink und Thonerde sich im Ueberschuss des Fällungsmittels wieder lösen.

Das Filtrat vom Eisenoxydhydratniederschlage oder falls ein solcher nicht vorhanden, die klare alkalische Lösung, theilt man in zwei Theile. Zur einen Hälfte setzt man klares Schwefelwasserstoffwasser hinzu, wodurch bei Gegenwart von Zink eine weisse Trübung oder ein weisser Niederschlag entsteht. Den zweiten Theil der Lösung säuert man mit verdünnter Salzsäure an, (blaues Lakmuspapier muss geröthet werden) giebt dann einen kleinen Ueberschuss von Ammoniak hinzu und erwärmt etwas. Thonerde lässt sich an einer weissen, flockigen Fällung

---

[1]) Mangan und Chrom, welche sich in besonderen Fällen gleichzeitig mit Eisen in dem Niederschlage befinden könnten, würden folgendermassen nachweisbar sein. Man schmilzt einen Theil des Niederschlages mit etwas Soda und Salpeter im Tiegel und zieht die erkaltete Schmelze mit Wasser aus. Gelbe Farbe der Lösung weist auf Chrom hin. Ist die Lösung jedoch grün oder gar röthlich gefärbt durch die Gegenwart von Manganverbindungen, so löst man, um auf Chrom prüfen zu können, den noch vorhandenen Rest des Niederschlages in Salzsäure, giebt Chlorammonium und Ammoniak hinzu, und filtrirt rasch. Man prüft den so erhaltenen Niederschlag nochmals durch Schmelzen mit kohlensaurem Natrium und Salpeter auf Chrom. Wird die Lösung der Schmelze nun gelb, so liegt Chrom vor. Ist letzteres nachgewiesen, so würde ein etwaiger, beim Auslaugen der ersten Schmelze mit Wasser bleibender Rückstand, auf Zink zu prüfen sein. Man löst ihn in Salzsäure, verdampft auf ein kleines Volum, setzt essigsaures Natrium hinzu und leitet Schwefelwasserstoff ein, oder fügt Schwefelwasserstoffwasser hinzu. Weisse Trübung oder Fällung zeigt Zink an. Ist beim Auslaugen der obigen ersten Schmelze mit Wasser eine Grün- oder Rothfärbung nicht eingetreten, so prüft man einen Theil des etwaigen unlöslichen Rückstandes bei der Behandlung mit Wasser, durch Zusammenschmelzen mit zwei bis drei Theilen Soda auf dem Deckel eines Platintiegels in der äusseren Bunsenflamme. Bei Gegenwart von Mangan entsteht eine grüne Schmelze.

erkennen, welche auch bei Zusatz einer Lösung von Chlorammonium sich nicht verändert. Bei Spuren von Thonerde tritt die Reaktion oft erst nach längerem Stehen ein. In den meisten Fällen ist die zur Analyse verwendete Natron- oder Kalilauge nicht ganz frei von Thonerde. Der Eintritt einer schwachen Thonerdereaktion ist daher nicht ohne weiteres ihrer Gegenwart in dem Untersuchungsmaterial zuzuschreiben. Zur Entscheidung dieser Frage behandelt man ein dem bei der Analyse verwendeten etwa gleiches Volum derselben Lauge für sich allein wie oben angegeben zur Prüfung auf Thonerde. Sind deutliche Unterschiede in Bezug auf die erhaltene Fällung zu constatiren, ist dieselbe im zweiten Falle wesentlich geringer als im ersten, so ist auf Thonerde im Untersuchungsobjekte zu schliessen. Die Auffindung von Thonerde in wässerigen Lösungen oder in Aschen, welche in Wasser oder verdünnten Säuren gelöst wurden, lässt den Schluss auf Verwendung von Alaun zu, wenn im weiteren Verlaufe der Analyse Kalium oder Ammonium, sowie Schwefelsäure nachweisbar ist.

Den oben erwähnten, bei der Behandlung mit Natronlauge, in der salzsauren Lösung der Schwefelammoniumfällung entstandenen bräunlichrothen Niederschlag, welcher durch Filtration getrennt wurde, löst man auf dem Filter in warmer verdünnter Salzsäure und versetzt das Filtrat mit wenigen Tropfen Ferrocyankaliumlösung. Eisen erzeugt eine deutliche Blaufärbung.

β) *Prüfung auf Eisen, Thonerde, Zink, bei Gegenwart von Phosphaten.*

Die Ausfällung des Haupttheiles der Lösung mit Ammoniak und Schwefelammonium unter Zufügung von Chlorammonium erfolgt wie im vorhergehenden Falle. Den Niederschlag, welcher Schwefeleisen, Thonerde, Schwefelzink, daneben die Phosphate von Calcium, Baryum und Magnesium enthalten kann, spritzt man vom Filter mit destillirtem Wasser in ein Porzellanschälchen, setzt verdünnte Salzsäure hinzu und erwärmt bis Lösung eingetreten ist. Von einem etwaigen Schwefelrückstande wird abfiltrirt, das Filtrat zur Verjagung von Schwefelwasserstoff gekocht, abermals filtrirt, falls eine Trübung eingetreten ist und sodann ein Theil der Lösung zu folgenden Versuchen herangezogen:

Eine kleine Probe versetzt man mit verdünnter Schwefelsäure und erwärmt etwas. Tritt kein weisser Niederschlag auch keine weisse Trübung ein, so ist Baryum nicht zugegen. In diesem Falle setzt man zur schwefelsauren Flüssigkeit etwa das doppelte Volum starken Alkohol hinzu. Erfolgt dadurch eine weisse Fällung oder eine Trübung, so ist Calcium vorhanden, welches als schwefelsaurer Kalk niedergeschlagen ist. Das Abgeschiedene sammelt man auf einem glatten Filterchen, übergiesst auf demselben mit nicht zu wenig destillirtem Wasser, macht das Filtrat ammoniakalisch und setzt oxalsaures Ammon hinzu. Bei Gegenwart von Calcium erhält man einen weissen Niederschlag oder eine Trübung von oxalsaurem Kalk. Tritt durch den Zusatz von Alkohol zu der mit Schwefelsäure angesäuerten Lösung kein Niederschlag ein, so ist Calcium nicht vorhanden. Hat verdünnte Schwefelsäure jedoch direkt eine Fällung hervorgerufen, so kann dieselbe aus Baryumsulfat und Calciumsulfat bestehen. Man filtrirt den Niederschlag ab, setzt zum Filtrate wieder das doppelte Volum Alkohol und prüft, falls nochmals eine weisse Ausscheidung stattfindet, wie oben auf Calcium.

Den ausgewaschenen Niederschlag dagegen, welcher durch Schwefelsäure allein ohne Alkoholzusatz entstanden war, trocknet man auf dem Filterchen, bringt ihn mit Hilfe eines Platindrahtes vom Filter entfernt, in einen Platin- oder Porzellantiegel, mischt ihn darin mit der fünf- bis sechsfachen Menge Natriumkaliumcarbonat und erhitzt auf dem Gebläse bis Alles geschmolzen ist. Den erkalteten Tiegel bringt man samt Schmelze in ein Becherglas, übergiesst mit Wasser und erhitzt solange bis der Tiegelinhalt losgeweicht ist. Nach Entfernung des Tiegels kocht man noch einige Zeit bis nichts mehr in Lösung geht und sammelt den hinterbleibenden aus kohlensaurem Baryum oder kohlensaurem Calcium bestehenden Rückstand auf einem Filterchen, wäscht ihn mit heissem Wasser nach bis die abtropfende Flüssigkeit nach dem Ansäuern mit Salzsäure und Versetzen mit Chlorbaryum keine Trübung mehr erleidet, löst ihn dann durch Uebergiessen mit verdünnter Salpetersäure und verdampft die Lösung in einer kleinen Porzellanschale auf dem

Wasserbade zur Trockne. Das Erhitzen des Rückstandes wird sodann auf dem Sandbade bei höherer Temperatur solange fortgesetzt, bis der Geruch nach Salpetersäure verschwunden und absolute Trockenheit eingetreten ist. Nach dem Erkalten übergiesst man den Rückstand mit einer Mischung aus gleichen Theilen absolutem Alkohol und Aether, spült in ein trockenes Kölbchen, verkorkt dieses und lässt unter öfterem Umschütteln ungefähr zwei Stunden stehen. Löst sich Alles, so ist Baryum nicht vorhanden. Bleibt dagegen ein Rückstand, so sammelt man diesen auf einem kleinen Filter und wäscht ihn mit der Alkohol-Aethermischung nach, bis die zuletzt ablaufende Flüssigkeit durch einen Tropfen verdünnter Schwefelsäure nicht getrübt wird. Zum ganzen Filtrat setzt man nun gleichfalls einige Tropfen verdünnte Schwefelsäure. Entsteht ein Niederschlag oder eine Trübung, so ist die Gegenwart von Calcium erwiesen. Einen etwaigen in Aether Alkohol unlöslich gebliebenen und dann auf dem Filter gesammelten Antheil, löst man nun in kochendem Wasser, giebt zu dem Filtrate einige Tropfen Essigsäure, kocht auf und setzt etwas neutrales chromsaures Kalium bis zur deutlichen Gelbfärbung hinzu, so dass auch der Geruch nach Essigsäure nicht mehr wahrnehmbar ist. Baryum giebt sich durch die Abscheidung eines gelben Niederschlags zu erkennen.

Den Haupttheil der noch vorhandenen Lösung des Schwefelammoniumniederschlags oxydirt man mit wenig Salpetersäure, giebt ein kleines Theilchen Flüssigkeit in ein Reagensgläschen, lässt kalt werden und prüft durch Zusatz eines Tropfen Ferrocyankaliumlösung auf Eisen, welches durch eintretende Blaufärbung deutlich erkennbar ist.

Nun wird zu der übrigen Lösung soviel Eisenchlorid hinzugesetzt, dass die Flüssigkeit deutlich gelb erscheint — ein Tropfen muss auf einem Uhrgläschen mit Ammoniak einen braunrothen Eisenhydroxydniederschlag erzeugen — zum grossen Theile über der Flamme in einer Schale verdampft, kohlensaures Natrium hinzugegeben bis die freie Säure nahezu, aber nicht vollständig abgestumpft ist, wobei die Lösung klar bleiben muss und zuletzt mit Baryumcarbonat im Ueberschusse versetzt, welches vorher mit wenig Wasser zum Brei angerieben war. Man rührt tüchtig um und lässt bei gewöhnlicher Temperatur stehen bis sich der Niederschlag von der nun farblosen Lösung einigermassen geschieden hat. Ersteren sammelt man auf einem Filter, wäscht ihn aus und prüft ihn auf Thonerde, das Filtrat auf Zink und Magnesium.

Analyse des Niederschlags[1]).

Den ausgewaschenen Niederschlag bringt man in eine Porzellanschale, kocht ihn einige Zeit mit Natronlauge, filtrirt, säuert das Filtrat mit Salzsäure an, giebt Ammoniak bis zur alkalischen Reaktion hinzu und kocht auf. Weisse Flocken oder stärkere weissliche gelatinöse Abscheidungen stellen sich bei Gegenwart von Thonerde ein. Auch hier muss dem Thonerdegehalt der verwendeten Natronlauge Rechnung getragen werden.

Die Untersuchung des Filtrates.

Nach dem Ansäuern mit Salzsäure erhitzt man zur Verjagung aller Kohlensäure zum Kochen und überzeugt sich mit einem Theile der Lösung ob durch Ammoniak und Schwefelammonium ein Niederschlag entsteht. Ist dies nicht der Fall, so ist auf Zink keine Rücksicht zu nehmen. Man entfernt alsdann aus dem Haupttheile der Lösung das Chlorbaryum mit Hilfe eines kleinen Ueberschusses von Schwefelsäure, erhitzt bis sich die Fällung abzuscheiden beginnt, filtrirt und übersättigt das Filtrat mit Ammoniak. Durch Zusatz von etwas oxalsaurem Ammon befreit man von Calcium, falls dieses vorher gefunden wurde, lässt einige Zeit zur Abscheidung eines etwaigen Niederschlags stehen und filtrirt abermals.

Das klare Filtrat prüft man auf Magnesium durch Versetzen

---

[1]) Sollte der Nachweis von Chromverbindungen in Betracht kommen, z. B. in der Asche eines beim Färbeprozess chromgebeizten Gewebes, so wird der in Natronlauge unlösliche Theil des Niederschlags zu diesem Zwecke herangezogen. Man bringt den Niederschlag in einen Tiegel, mischt ihn mit etwas Soda und Salpeter und erhitzt über dem Bunsenbrenner bis eine gleichmässige Schmelze erhalten wurde. Nach dem Erkalten wird mit Wasser ausgelaugt. Chromverbindungen gehen mit gelber Farbe in Lösung. Nach dem Ansäuern mit Essigsäure entsteht auf Zusatz von essigsaurem Blei eine gelbe Fällung von chromsaurem Blei.

mit Natriumphosphat. Entsteht entweder sofort, oder bei kleinen Mengen nach einiger Zeit, namentlich beim Reiben der Wände des Reagensgläschens mit einem Glasstabe, ein krystalliner feinkörniger Niederschlag, so ist Magnesium damit nachgewiesen.

War bei der Behandlung einer kleinen Probe der Hauptlösung mit Ammoniak und Schwefelammonium ein Niederschlag entstanden, so macht man die ganze Flüssigkeit mit Ammoniak alkalisch und fällt mit Schwefelammonium aus. Das Filtrat des Niederschlags benutzt man zur Prüfung auf Magnesium, indem man mit Salzsäure ansäuert, zur Zerstörung des Schwefelammoniums kocht, filtrirt und genau wie oben weiter arbeitet. Im ausgewaschenen Niederschlage weist man Zink wie unter α Seite 13 angegeben nach, d. h. man löst in Salzsäure, verdampft auf ein kleines Volum, giebt Natronlauge im Ueberschuss hinzu, bis die anfangs entstehende Fällung wieder verschwunden ist — von einem etwaigen unlöslichen Niederschlage ist abzufiltriren [1]) — und leitet Schwefelwasserstoff ein. Weisse Fällung zeigt Zink an.

Gruppe III.

Prüfung auf: Calcium, Baryum, Magnesium.

Die Lösung, in welcher Ammoniak und Schwefelammonium keinen Niederschlag hervorbrachten, oder das Filtrat eines etwaigen Niederschlags, kocht man zunächst zur Verjagung von Schwefelwasserstoff oder zur Zerstörung von Schwefelammonium, filtrirt vom ausgeschiedenen Schwefel ab, versetzt mit Ammoniak bis der Geruch eben deutlich hervortritt, alsdann mit Ammoniumcarbonatlösung und erwärmt einige Zeit ohne es bis zum Kochen kommen zu lassen. Entsteht dadurch weder in der Kälte noch in der Wärme ein Niederschlag, so sind Calcium und Baryum in namhaften Mengen ausgeschlossen. Um etwaige Spuren derselben, welche bei der Behandlung mit Ammoniumcarbonat nicht gefällt werden, nachzuweisen, theilt man sich eine kleine Probe im Reagensglase ab und versetzt sie mit etwas Ammoniumsulfatlösung. Spuren von Baryum

---

[1]) Derselbe kann nach Seite 13 Anmerkung auf Mangan geprüft werden.

geben sich durch eine sofort oder nach einigem Stehen eintretende Trübung zu erkennen. Zu einer zweiten kleinen Probe der Hauptflüssigkeit giebt man etwas oxalsaures Ammon und lässt einige Zeit stehen. Eine Trübung zeigt in diesem Falle das Vorhandensein von Calcium an.

Ist dagegen durch Ammoniumcarbonat eine Fällung entstanden, so filtrirt man von derselben ab, sammelt den Niederschlag auf einem Filter, wäscht ihn aus und löst in verdünnter Salpetersäure. Zum Nachweis von Calcium und Baryum verfährt man im Uebrigen wie unter Gruppe II β angegeben.

Zur Auffindung des Magnesiums verwendet man einen Theil der Lösung, in welcher Ammoniumcarbonat keinen Niederschlag hervorbrachte, oder des Filtrats vom Ammoniumcarbonatniederschlag, nachdem man in beiden Fällen etwa vorhandene Spuren von Baryum und Calcium durch Zusatz von Ammoniumsulfat und Ammoniumoxalat, Absitzenlassen der Trübung und Filtriren, entfernt hat. Ist Magnesium gegenwärtig, so erhält man auf Zugabe von phosphorsaurem Natrium zu der ammoniakalischen Lösung den schon unter Gruppe II erwähnten körnig krystallinischen Niederschlag von Magnesiumammoniumphosphat, welcher bei kleinen Mengen von Magnesium erst nach einiger Zeit einzutreten pflegt. Eine etwaige flockige, nicht krystallinische Abscheidung filtrirt man ab, behandelt sie auf dem Filter mit etwas Essigsäure und fällt das Filtrat nun abermals mit Ammoniak und Natriumphosphat, nachdem man sich nochmals überzeugt hatte, dass durch Ammoniumsulfat und Ammoniumoxalat keine Trübung mehr hervorgerufen wurde, Calcium und Baryum also ausgeschlossen sind. Ein nun deutlich krystallinischer Niederschlag ist für Magnesium beweisend.

Gruppe IV.

Prüfung auf: Kalium, Natrium, Ammonium.

a) Magnesium ist in Gruppe III nicht gefunden worden:

Die Lösung, in welcher Ammoniumcarbonat keinen Niederschlag hervorbrachte oder das Filtrat des Ammoniumcarbonatniederschlags, in welchen auch etwaige Spuren von Baryum und Calcium entfernt sind, verdampft man anfangs über freier Flamme, zuletzt, wenn nur noch wenig Flüssigkeit vorhanden ist, auf dem Wasserbade in einer Porzellanschale zur Trockne, bringt den Rückstand mit Hilfe eines Hornspatels in einen Porzellantiegel und erhitzt über der Bunsenflamme bis alle Ammonsalze verjagt sind, d. h. bis sich keine weissen Nebel mehr entwickeln. Bleibt im Tiegel nach der Entfernung der flüchtigen Ammoniumverbindungen kein Rückstand, so sind Kalium und Natrium nicht zugegen. Andernfalls ist die Prüfung darauf vorzunehmen. In dieser Absicht löst man das im Tiegel Hinterbliebene in möglichst wenig warmem destillirtem Wasser, filtrirt und theilt das Filtrat in zwei Theile. Zur ersten Hälfte giebt man etwas Platinchlorid. Entsteht sofort oder nach kurzer Zeit ein gelber krystallinischer Niederschlag, so ist Kalium damit nachgewiesen. Tritt dagegen keine Reaktion ein, so dampft man, ehe auf die Abwesenheit von Kalium geschlossen wird, auf dem Wasserbade auf ein kleines Volum ein, und setzt zur rückständigen Lösung etwa das gleiche Quantum circa 50 procentigen Alkohol. Sind kleine Mengen von Kalium vorhanden, so erhält man bei dieser Behandlung den oben erwähnten Niederschlag.

Die zweite Hälfte, welche, falls schwach saure Reaktion vorliegen sollte, mit einem Tropfen Ammoniak neutral oder ganz schwach alkalisch zu machen ist, prüft man durch Zusatz von etwas pyroantimonsaurem Kalium auf Natrium. Das genannte Reagens erzeugt mit Letzterem, namentlich beim Reiben der Wandungen des Reagensglases mit dem Glasstabe, wenn die Lösung nicht zu verdünnt ist, einen kleinkrystallinischen weissen Niederschlag oder eine deutlich krystalline Trübung von pyroantimonsaurem Natrium herrührend. Zur Erkennung von Natrium lässt sich auch die bei den Vorprüfungen erwähnte Flammenfärbung und ihre Wirkung auf einen Krystall von Kaliumbichromat benutzen.

b) **Magnesium** ist in Gruppe III gefunden worden:

Die unter a genannten Lösungen, welche zur Prüfung auf Kalium und Natrium kommen, müssen zunächst von Magnesium befreit werden. Wie oben dampft man in diesem Falle zur Trockne ein, entfernt die Ammonsalze durch gelindes Glühen, lässt kalt werden und löst den Rückstand in verdünnter Salzsäure. Die erhaltene Lösung wird zum Sieden erhitzt und während des

Kochens mit Barytwasser gefällt. Von ausgeschiedener Magnesia filtrirt man ab, setzt zu dem Filtrate etwas Ammoniumcarbonat zur Entfernung des überschüssigen Baryts, erwärmt wieder etwas und filtrirt abermals. Das Filtrat verdampft man zur Trockne, verjagt die Ammonsalze wiederum durch Glühen im Porzellantiegel und führt mit dem Rückstande den Nachweis von Kalium und Natrium wie unter a.

Prüfung auf Ammonium.

Der Nachweis von Ammonsalzen kann der Flüchtigkeit dieser Verbindungen wegen beim Erhitzen, niemals mit einer Asche oder einem Körper vorgenommen werden, welcher auf hohe Temperaturen, etwa zum Glühen gebracht wurde.

Zur Erkennung dieser Salze benützt man daher die ursprünglichen Substanzen, Lösungen, feste Körper und Pasten, einerlei ob sie organische Bestandtheile enthalten oder nicht, macht eine Probe mit verdünnter Natronlauge alkalisch, erwärmt gelinde und prüft ob sich durch den Geruch Ammoniak erkennen lässt. Oder man hält über das erwärmte Reagensglas einen Streifen rothes Lakmuspapier, welchen man mit Wasser angefeuchtet hat. Ist Ammoniak vorhanden, so färbt sich das rothe Lakmuspapier blau.

2. Prüfung auf Säuren, welche mit den aufgefundenen Basen verbunden sind.

Folgende Säuren kommen in Betracht für wässerige Lösungen oder für Aschen oder feste Körper, welche in Wasser oder verdünnten Säuren löslich sind.

a) anorganische Säuren[1]).

Schwefelsäure von Natriumsulfat (Glaubersalz), Magnesiumsulfat (Bittersalz), Ammoniumaluminiumsulfat, Kaliumalu-

---

[1]) Zum Nachweis von Salpetersäure versetzt man einen Antheil der für die Prüfung in Betracht kommenden Lösung mit dem gleichen Volum concentrirter chemisch reiner Schwefelsäure, lässt erkalten und schichtet vorsichtig eine concentrirte Lösung von schwefelsaurem Eisenoxydul darüber. An der Berührungsstelle beider Flüssigkeiten entsteht bei Gegenwart von Salpetersäure ein rothbrauner oder schwarzbrauner Ring.

miniumsulfat (Alaun), Zinksulfat (Zinkvitriol), Ferrosulfat (Eisenvitriol), Kupfersulfat (Blaustein, Kupfervitriol).

Chlorwasserstoffsäure (Chlor) von Chlornatrium, Chlorammonium, Chlormagnesium, Chlorcalcium, Chlorbaryum, Chlorzink.

Phosphorsäure von Natriumphosphat, Ammoniumphosphat.

Borsäure von Natriumtetraborat (Borax) oder auch für sich allein.

Kohlensäure von Natriumcarbonat (Soda).

Kieselsäure findet, dem allerdings in Wasser löslichen Natriumsilicat (Wasserglas) angehörend, hier keine Berücksichtigung, da der Nachweis und die Analyse desselben als eines Silicates nach Gang II vorgenommmen wird.

b) organische Säuren.

Weinsäure von Kaliumbitartrat (Weinstein).

Essigsäure von Natriumacetat, Stannoacetat (essigsaurem Zinnoxydul).

Citronensäure.

Die Prüfung auf organische Säuren ist aus Zweckmässigkeitsgründen in den Abschnitt über anorganische Analyse eingeschaltet.

Die Auffindung der anorganischen Säuren kann in einem Theile der zur Prüfung auf Basen benutzten wässerigen, salpetersauren oder salzsauren Lösung erfolgen, mit grösserer Sicherheit wird der Nachweis der Säuren jedoch, falls zur Zerstörung organischer Körper verascht werden musste, in besonderer Weise mit einem weiteren Theile des Untersuchungsmaterials vorgenommen, da eine theilweise oder völlige Verflüchtigung von Säuren wegen der Zersetzlichkeit mancher hier in Betracht kommenden Verbindungen während des Veraschens nicht ausgeschlossen erscheint. Zu diesem Zwecke nimmt man die Veraschung eines beim Eindampfen erhaltenen Rückstandes, oder eines Theiles des von organischen Bestandtheilen zu befreienden Körpers unter Zusatz von etwas Soda eventuell auch einer kleinen Menge Salpeter im Platin- oder Porzellantiegel vor, zieht die erhaltene

Schmelze mit Wasser aus, filtrirt, neutralisirt mit Essigsäure unter Erwärmen und prüft wie folgt auf die einzelnen Säuren.

Eine Probe der Flüssigkeit wird mit Salzsäure angesäuert und mit Chlorbaryum versetzt, eine Trübung, welche sich sofort oder nach kurzer Zeit bemerkbar macht, oder weisse Fällung zeigt Schwefelsäure an. Chlorverbindungen weist man in einem weiteren Antheil der Lösung, welcher mit Salpetersäure deutlich sauer gemacht ist, nach. Auf Zusatz von salpetersaurem Silber entsteht gegebenen Falles eine weisse Trübung oder ein weisser käsiger Niederschlag, in überschüssigem Ammoniak löslich und durch Hinzufügen von Salpetersäure wieder fällbar. Zum Nachweis der Phosphorsäure verfährt man mit einer weiteren Probe, falls die Auffindung der Säure nicht schon im Verlaufe der Analyse erfolgt ist, wie unter Gruppe II Seite 12 beschrieben wurde. Das Verhältniss der Volumina zwischen Molybdänlösung und Untersuchungsflüssigkeit soll so gewählt werden, dass das Volum der Letzteren etwa ein Drittel desjenigen der Molybdänlösung ausmacht. Eine Gelbfärbung der Flüssigkeit allein kann nicht als Nachweis der Phosphorsäure betrachtet werden. Zur Prüfung auf Borsäure dampft man einen Theil der wässerigen Lösung auf ein kleines Volum ein, säuert mit Salzsäure an und taucht ein Stückchen gelbes Curcumapapier in die Flüssigkeit. Tritt deutliche Bräunung ein, so liegt Borsäure vor. Der Nachweis von Borsäure lässt sich auch mit der Asche selbst oder mit dem zur Untersuchung vorliegenden Körper erbringen, wenn man die fein zerriebene Substanz mit Alkohol übergiesst und etwas concentrirte Schwefelsäure hinzugiebt. Nach dem Anzünden des Gemisches erscheint die Flamme des Alkohols bei Gegenwart von Borsäure, namentlich beim Umrühren deutlich gelbgrün gefärbt. Diese Reaktion, welche sehr empfindlich ist, kann jedoch nur dann als beweisend für die Gegenwart von Borsäure betrachtet werden, wenn Kupfersalze nicht vorhanden sind. Kohlensaure Salze erkennt man am Aufbrausen beim Versetzen der Asche oder einer wässerigen Lösung derselben mit Salzsäure oder Salpetersäure.

Der Nachweis der Säuren erfolgt, falls wässerige, salpetersaure oder salzsaure Lösungen der ursprünglichen Asche vorliegen und zu diesem Zwecke herangezogen werden sollen, nach denselben Regeln wie oben. Wurde die Asche in Salzsäure gelöst, so muss zur Prüfung auf Chlorverbindungen ein besonderer wässeriger oder salpetersaurer Auszug hergestellt werden.

Ursprünglich zur Untersuchung vorliegende wässerige Lösungen, welche sich als frei von organischen Substanzen erwiesen, können direkt ebenso wie sie zur Basenprüfung dienten auch zum Nachweis der Säuren verwendet werden. Bei etwaiger alkalischer Reaktion neutralisirt man mit Salpetersäure, saure Lösungen werden mit Ammoniak zunächst abgestumpft.

Die Auffindung der organischen Säuren.

Der Nachweis dieser Säuren, welche in selteneren Fällen zu Appreturzwecken Verwendung finden, kann nur mit dem ursprünglich zur Analyse vorliegenden Material, in wässerigen Lösungen oder Auszügen, niemals mit Aschen vorgenommen werden, da die Weinsäure, Citronensäure und Essigsäure als organische Körper feuerunbeständig sind.

Zur Prüfung auf Weinsäure und Citronensäure fällt man die wässerige Lösung oder den wässerigen Auszug mit neutralem essigsaurem Bleioxyd im Ueberschuss. Einen etwaigen Niederschlag filtrirt man ab, wäscht ihn mit Wasser aus, spritzt ihn vom Filter in ein Becherglas, vertheilt ihn unter Umrühren vollständig in Wasser und leitet Schwefelwasserstoff ein zur vollständigen Ausfällung des Bleies. Im Filtrate verjagt man durch Kochen den Schwefelwasserstoff, filtrirt, dampft etwas ein und setzt Ammoniak bis zur alkalischen Reaktion, dann Chlorammonium und nicht zu wenig Chlorcalcium hinzu. Entsteht bei häufigem Umschütteln auch nach längerer Zeit kein Niederschlag oder keine Trübung, so ist Weinsäure ausgeschlossen. In diesem Falle prüft man die so behandelte Flüssigkeit direkt weiter auf Citronensäure wie unten beschrieben.

Erhält man dagegen einen krystallinischen Niederschlag, so filtrirt man diesen ab, wäscht ihn mit wenig Wasser nach, trocknet ihn auf dem Filterchen, bringt ihn dann auf ein Uhrgläschen und übergiesst mit einigen Tropfen einer Auflösung von Resorcin in concentrirter Schwefelsäure (1 : 100) und erwärmt vorsichtig, indem man durch die Bunsenflamme zieht bis eben Schwefelsäuredämpfe zu entweichen beginnen. Bei

Gegenwart auch nur geringer Mengen von **Weinsäure** entsteht eine weinrothe Färbung. Ein Niederschlag von weinsaurem Calcium muss sich ferner in nicht zu verdünnter kalter Natronlauge zur klaren Flüssigkeit lösen, welche beim Kochen den weinsauren Kalk als gelatinöse Masse ausscheidet.

Die Lösung, in welcher Chlorcalcium auch bei längerem Stehen keinen Niederschlag hervorbrachte, oder das Filtrat vom Chlorcalciumniederschlag füllt man mit etwa der dreifachen Menge starken Alkohols auf, verschliesst das Gefäss und lässt einige Stunden stehen. Bleibt die Flüssigkeit vollständig klar, so ist keine Citronensäure zugegen, erhält man dagegen eine Fällung, so filtrirt man von derselben ab, spritzt den Niederschlag mit Wasser in ein Kölbchen, giebt dann vorsichtig etwas Salzsäure hinzu, bis eben Lösung eingetreten ist, macht mit Ammoniak schwach alkalisch und kocht die Flüssigkeit einige Minuten lang. Bleibt dieselbe klar, so ist Citronensäure ausgeschlossen, entsteht dagegen eine Trübung oder ein sich bald zu Boden setzender Niederschlag, so liegt **Citronensäure** vor.

Zum etwaigen Nachweis von **Essigsäure** benutzt man einen besonderen, auf ein möglichst kleines Volum concentrirten Antheil einer wässerigen Lösung, oder eine besondere Probe eines festen zur Untersuchung vorliegenden Körpers, oder einer Paste, übergiesst mit einem Gemisch etwa gleicher Volume von Alkohol und concentrirter Schwefelsäure und erhitzt. Essigsäure giebt sich durch das Auftreten eines äusserst angenehmen Geruches nach Essigester zu erkennen.

Gang II.

In **Wasser**, Salpetersäure oder Salzsäure unlösliche Körper. Silicate (einschliesslich Natriumsilicat).

a) Die Vorprüfung in der Phosphorsalzperle hat das Vorhandensein eines Silicates (kieselsauren Salzes) ergeben:

Man überzeugt sich, ob das vorliegende Silicat durch Salzsäure zersetzbar ist oder nicht. In dieser Absicht übergiesst man in einer Platin- oder Porzellanschale, eventuell auch im Tiegel mit concentr. Salzsäure und erhitzt längere Zeit bis zum Sieden.

Findet dabei, namentlich wenn der Haupttheil der Salzsäure verjagt ist, eine gallertartige Abscheidung von Kieselsäure statt, so ist das Silicat auf diese Weise zerlegbar und die vollständige Analyse lässt sich nach α (siehe unten) durchführen. Eine bei Zusatz von Salzsäure sofort auftretende Gallerte weist auf Wasserglas hin, welches sich von den anderen Silicaten überhaupt durch seine Löslichkeit in Wasser unterscheidet. Bleibt die Asche, oder der sonst zur Analyse vorliegende Körper bei längerer Behandlung mit concentr. Salzsäure im wesentlichen unverändert, so verdünnt man mit Wasser, filtrirt vom Rückstande ab und untersucht diesen wie unten angegeben nach β, das Filtrat aber prüft man nach Gang I auf etwa in Lösung gegangene Basen, namentlich auf Alkalien.

α) *Das Silicat ist durch Salzsäure zerlegbar.*

Die wie oben angeführt hergestellte salzsaure Flüssigkeit verdampft man ohne Rücksicht auf etwaige Ausscheidungen in einer Schale auf dem Wasserbade unter öfterem Umrühren mit dem Glasstabe zur Staubtrockne, d. h. so lange bis keine Säuredämpfe mehr entweichen. Dann lässt man erkalten, befeuchtet mit concentrirter Salzsäure, giebt nach einigen Minuten Wasser hinzu und erwärmt wieder. Durch diese Behandlungsweise wird die Kieselsäure in unlöslichem Zustande abgeschieden, während die übrigen Basen als Chlormetalle in Lösung gehen Nach dem Abfiltriren untersucht man das salzsaure Filtrat auf Basen nach den Angaben von Gang I. Da die rückständige Kieselsäure möglicherweise Baryumsulfat eventuell Calciumsulfat möglicherweise auch Chlorblei als un- resp. schwerlösliche Bestandtheile enthalten kann, so ist dieselbe auf einem Filter zu sammeln, mit Wasser auszuwaschen, zu trocknen und nach β (siehe unten) mit Natriumkaliumcarbonat zu schmelzen und weiter zu behandeln. Zur Zerlegung der Silicate lässt sich auch concentrirte Salpetersäure verwenden, in diesem Falle würde die rückständige Kieselsäure nicht bleihaltig sein.

β) *Das Silicat ist durch Salzsäure nicht zerlegbar.*

Man mischt die feingepulverte Substanz im Platintiegel, falls ein solcher nicht zur Verfügung steht, im Porzellantiegel mit der etwa sechsfachen Menge von kohlensaurem Natronkali, schliesst den Tiegel mit dem Deckel und glüht auf dem Gebläse bis zum gleichmässigen Schmelzen der ganzen Masse. Den Tiegel bringt man nebst Inhalt nach dem Erkalten in ein Becherglas, bedeckt mit Wasser und erhitzt solange über freier Flamme auf dem Drahtnetze, bis die Schmelze völlig aufgeweicht, eventuell in Lösung gegangen ist. Man säuert mit Salzsäure an und dampft unbekümmert um etwaige Ausscheidungen zur Unlöslichmachung der Kieselsäure zur Staubtrockne ein. Im Uebrigen verfährt man wie unter α. Die hinterbleibende, von der salzsauren Lösung getrennte Kieselsäure, kann auch hier möglicherweise Baryumsulfat, Calciumsulfat eventuell Bleiverbindungen enthalten. Man trocknet sie, falls diesem Umstand Berücksichtigung zu schenken ist, schmilzt sie nochmals wie oben mit kohlensaurem Natronkali, kocht die Schmelze mit Wasser, bis sie zerfallen ist, filtrirt vom Rückstand ab, wäscht ihn auf dem Filter mit heissem Wasser aus und löst dann in verdünnter Salpetersäure. Der Nachweis der Basen erfolgt in gewöhnlicher Weise nach Gang I. (Siehe Gruppe II β Seite 14 und 15.)

Im Falle α, wo bei der vollständigen Zerlegung des Silicates mit Salzsäure oder Salpetersäure alle vorhandenen dem kieselsauren Salze etwa beigemischten Basen und Säuren in Lösung gehen, ist es nöthig zur Feststellung dieser Säuren einen Theil der salzsauren oder salpetersauren Lösung vor dem Abdampfen zur Staubtrockne für diese Zwecke zu verwenden, nachdem man von etwaigen Abscheidungen, Flocken etc. abfiltrirt hat, falls man nicht vorzieht eine neue Veraschung unter Zusatz von Natriumcarbonat auszuführen. Der Nachweis der Säuren erfolgt dann wie unter Gang I beschrieben. Etwaiges Aufbrausen der Substanz (Asche) bei der Behandlung mit Salzsäure oder Salpetersäure weist auf kohlensaure Salze hin.

Im Falle β, wo etwaige in Salzsäure oder Salpetersäure lösliche Basen und Säuren vom unzersetzbaren Silicate getrennt sind und nach Gang I bestimmt werden, ist eine besondere Säureprüfung in dem unlöslichen Rückstande nicht nothwendig.

b) Die Vorprüfung hat die Abwesenheit von Silicaten ergeben, in Salpetersäure oder Salzsäure unlösliche Körper, eventuell unlösliche Rückstände, welche beim Behandeln einer Asche etc. mit den genannten Säuren verbleiben:

Es kann sich handeln um Baryumsulfat, Calciumsulfat, Thonerde, vielleicht auch um kleine Antheile von Eisenoxyd[1]).

Zur Analyse schmilzt man genau, wie unter β angegeben, im Platin- oder Porzellantiegel mit der sechsfachen Menge Natriumkaliumcarbonat, zieht die Schmelze mit heissem Wasser aus, filtrirt vom Rückstand ab, wäscht ihn mit Wasser nach und löst in verdünnter Salpetersäure. Die Prüfung auf die in Betracht zu ziehenden Basen (Baryum, Calcium eventuell Eisen) erfolgt nach Gang I. Das alkalische Filtrat der mit Wasser aufgeweichten Schmelze untersucht man auf Schwefelsäure und Thonerde, welche sich in diesem Theile finden können.

Eine Probe wird mit Salzsäure angesäuert und mit Chlorbaryum versetzt. Etwaige Trübung zeigt Schwefelsäure an. Zum Nachweis der Thonerde zieht man einen zweiten grösseren Antheil heran, macht gleichfalls mit Salzsäure sauer und fügt Ammoniak bis zur deutlich alkalischen Reaktion hinzu. Bei Gegenwart von Thonerde entsteht eine Trübung oder ein flockiger weisser Niederschlag.

---

[1]) In selteneren Fällen würde hier in Säuren unlösliches Zinnoxyd in Betracht kommen können. Man schmilzt wie oben angegeben jedoch unter Zusatz von etwas Salpeter. Beim Auslaugen der Schmelze mit Wasser geht Zinn mit in die alkalische Lösung über und kann darin nach dem Ansäuern eines Theiles mit Salzsäure durch Ausfällen mit Schwefelwasserstoff (siehe Gang I, Gruppe I) nachgewiesen werden.

Die Bestimmung der organischen Appreturmittel.

Die in den Gang der Analyse aufgenommenen organischen, in der Appretur Verwendung findenden Substanzen sind folgende: Traubenzucker (Stärkezucker, Glycose), Rohrzucker, Dextrin, Stärke, Gummi, Traganthschleim, Pflanzenschleime (Isländisch Moos, Carrageen, Agar-Agar, Flohsamen, Leinsamen), Leim (Gelatine), Eiweisskörper, Glycerin. Ferner Fette, Oele, Paraffine, Wachs, Harze (Fichtenharz, Colophonium, Schellack), Seifen.

Die Untersuchung erstreckt sich auf den Nachweis obiger Körper in Lösungen, Emulsionen, Pasten und festen Körpern, einerlei ob darin gleichzeitig anorganische Verbindungen enthalten sind oder nicht. Nicht in Lösung befindliche Körper sind dem nachstehenden Untersuchungsgange gemäss so weit als möglich in solche einheitlicher Form mit Hilfe entsprechender Lösungsmittel überzuführen und dann der Prüfung zu unterwerfen.

Die Behandlung der Lösungen ist daher im nachfolgenden besonders ausführlich betrachtet und in den Vordergrund gestellt.

Vorprüfungen.

A. Die Untersuchung von Lösungen, welche als Appreturmittel Verwendung finden sollen, oder von Lösungen irgend welcher Art, die für solche Zwecke gebräuchliche Körper enthalten können.

a) Die Lösung ist rein wässerig.

Man benutzt die vorliegende Flüssigkeit je nach Dick- oder Dünnflüssigkeit verdünnt mit Wasser oder unverdünnt und stellt zunächst mit kleineren Antheilen folgende Vorprüfungen an, deren Ergebnisse einen Ueberblick über Vorkommen und Fehlen der hier in Frage kommenden Körper ermöglichen sollen und dadurch dazu beitragen, die nachfolgende eingehende Prüfung zu vereinfachen.

1. Einen Theil der, falls starke Trübung vorhanden, oder Ausscheidungen vorliegen, zunächst zu filtrirenden, oder durch Absitzenlassen zu klärenden Flüssigkeit, versetzt man mit etwa 8 Volum 90—96 volumprocentigem Alkohol. Sind keine anorganischen Salze zugegen, welche durch Alkohol gefällt werden, so kann eine etwaige milchige Trübung oder ein deutlicher Niederschlag hindeuten auf:

Stärke, Dextrin, Gummi, Traganthschleim, Pflanzenschleime, Leim, Eiweisskörper.

Traganth und manche Pflanzenschleime veranlassen vielfach eine fadenartige oder flockige Abscheidung.

Die Reaktionen des Hauptanalysenganges müssen dann entscheiden, welche der einzelnen Körper vorliegen.

2. Man fügt der durch Alkohol milchig oder schwach getrübten Flüssigkeit oder der Flüssigkeit samt Niederschlag etwas verdünnte Salzsäure zu. Kleine Mengen von Gummi, welche mit Alkohol etwa nur eine geringe Trübung erzeugt hatten, werden dadurch vollständiger, meist in deutlichen Flocken abgeschieden, während sich eine durch Alkohol erfolgte Leimfällung theilweise wieder auflöst.

3. Zu einem weiteren Flüssigkeitstheilchen giebt man einige Tropfen ganz verdünnte Jodlösung.

Ist die Reaktion der Lösung alkalisch (mit rothem Lakmuspapier festzustellen), so macht man mit verdünnter Schwefelsäure oder Salzsäure zunächst neutral. Der Zusatz weniger Tropfen der Jodlösung genügt alsdann.

Blaufärbung zeigt Stärke an, weinrothe bis violettrothe Farbe weist auf Dextrin hin. Sind beide gleichzeitig zugegen, so entsteht häufig bei viel Dextrin und wenig Stärke zunächst die röthliche Färbung, welche aber bald der dauernden Blaufärbung weicht. Liegt dagegen viel Stärke neben wenig Dextrin vor, so erhält man meist sofort die blaue Farbe, wobei sich aber in der Nähe der Einfallstellen oft röthliche Schlieren beobachten lassen, die sehr bald wieder in der allein vorherrschenden und dauernden Blaufärbung untergehen.

4. Einen anderen kleinen Theil der Lösung versetzt man mit einer Lösung von basisch essigsaurem Bleioxyd (Bleiessig). Weisse flockigklumpige, oder manchmal z. B. bei Flohsamenschleim etwas bräunliche fadenförmige Fällung, kann von Gummi, Traganthschleim oder von Pflanzenschleimen der verschiedenen Abstammung herrühren. Stärke erzeugt unter diesen Umständen nur Trübung, keine Fällung. Ausserdem bleibt zu berücksichtigen, dass bei Gegenwart von Sulfaten, Phosphaten, Silicaten (Wasserglas), gleichfalls Fällungen hier eintreten können, so dass die Hauptanalyse erst völlige Sicherheit in dieser Frage ergeben wird.

5. Einige Kubikcentimeter der zu prüfenden Flüssigkeit versetzt man mit Fehling'scher Lösung bis zur deutlichen Blaufärbung und kocht auf. Reduktion der Fehling'schen Lösung, d. h. Abscheidung von rothem Kupferoxydul, entweder sofort oder nach kurzem Stehen der Probe, lässt auf Traubenzucker oder Dextrin schliessen. Bei längerem Kochen rufen auch die meisten Pflanzenschleime diese Erscheinung hervor.

6. Mit Ferrocyankaliumlösung und einigen Tropfen Essigsäure erhält man bei Gegenwart von Eiweisskörpern eine Trübung oder weisse Fällung. Die Empfindlichkeit der Reaktion wird durch die relative Menge des Reagenses, der Essigsäure und durch den Verdünnungsgrad der Eiweisslösung beeinflusst. Bei Anwesenheit von Zinksalzen entsteht unter diesen Umständen gleichfalls eine weisse Fällung. Auch bleibt zu berücksichtigen, dass bei Gegenwart von Seifen durch das Ansäuern mit Essigsäure eine Trübung oder Fällung erzeugt werden kann.

Wird Salpetersäure in einem Reagensgläschen vorsichtig mit einer Eiweisslösung überschichtet, so tritt an der Berührungsstelle beider Flüssigkeiten ein weisser, undurchsichtiger Ring von gefälltem Eiweiss auf. Auch diese Reaktion ist bei Gegenwart von Seifen nicht massgebend.

Nicht zu verdünnte Eiweisslösungen lassen das Eiweiss durch

die Gerinnung desselben beim Aufkochen erkennen. Deutlicher und sicherer tritt diese Coagulation auch in verdünnteren Lösungen ein, wenn man nach einmaligem Aufkochen mit ein bis zwei Tropfen Essigsäure versetzt, abermals aufkocht und wiederum einen Tropfen Essigsäure hinzugiebt. Alkalische Lösungen sind vor dieser Behandlung zu neutralisiren. Lösungen von Eiweisskörpern in Alkali erleiden beim Zusatz von Salzsäure oder Schwefelsäure eine Zersetzung unter Abscheidung des betreffenden Eiweisskörpers in Form einer milchigen Trübung, welche in Aether unlöslich ist. (Caseïn)

7. Ueberschüssige Tanninlösung zu einem weiteren Theile der Untersuchungslösung hinzugegeben, erzeugt bei Anwesenheit von Leim oder Eiweiss eine deutliche Fällung oder starke Trübung. Auch manche Pflanzenschleime, namentlich die Abkochung von Isländisch Moos, sowie Stärkelösung rufen mit Tanninlösung leicht Trübungen hervor. Die Leimgerbsäurefällung löst sich indessen in verdünnter Salzsäure theilweise wieder auf, ein Verhalten, welches die übrigen Niederschläge nicht theilen.

Zur Prüfung auf Leim dient besonders die sogenannte Biuretreaktion. Ein Theilchen der Lösung versetzt man mit wenigen Tropfen Kupfersulfatlösung und macht mit Natronlauge alkalisch. Entweder sofort oder nach kurzem Stehen, eventuell nach gelindem Erwärmen erhält man bei Gegenwart von Leim eine charakteristische Violettfärbung. (Biuretreaktion). An Stelle von Kupfersulfat, lässt sich auch Fehling'sche Lösung mit nachfolgendem Zusatz von Natronlauge zu diesem Zwecke verwenden.

Da Eiweisskörper dieselbe Farbenreaktion ergeben, so müssen dieselben durch Coagulation (siehe unter 6) und nachfolgende Filtration zunächst entfernt werden, wenn die Biuretreaktion als für Leim beweisend angesehen werden soll.

8. Zur Prüfung auf Seifen, welche in neutralen oder schwach alkalischen Lösungen enthalten sein können, säuert man einen Theil der Flüssigkeit mit verdünnter Salzsäure oder verdünnter Schwefelsäure an. Eine starke Trübung, oder ein Milchigwerden, welches nach kurzem Stehen oder gelindem Erwärmen mit einer Abscheidung von Oeltröpfchen an der Oberfläche der Flüssigkeit verbunden ist, lässt auf Seifen schliessen, deren Fettsäuren durch den Zusatz der Mineralsäure abgeschieden wurden. Etwaiges

Auftreten von harzigen, klumpigen Partikelchen, deutet auf Harzseifen hin.

Da Lösungen von Eiweisskörpern, z. B. Caseïn in Alkali, beim Ansäuern zunächst ähnliche Erscheinungen liefern, die auf den ersten Blick mit Fettsäureabscheidungen verwechselt werden könnten, so erwärmt man über der Flamme. Nur Fettsäuren und Harze schmelzen, ausserdem lösen sie sich in Aether beim Durchschütteln der wieder erkalteten Flüssigkeit mit demselben, während Eiweisskörper darin unlöslich sind.

b) Die Lösung ist alkoholisch.

Diejenigen Verbindungen, welche durch Alkohol fällbar sind, wie Gummi, Traganth, Pflanzenschleime, Dextrin Leim, Eiweisskörper, Stärke, mehr oder weniger Zucker, werden hier naturgemäss, namentlich in stark alkoholischen Lösungen ausgeschlossen sein. Dagegen können sich hier finden: Seifen, Fette, Oele, kleine Mengen von Paraffinen und von Harzen.

Man verdünnt einen kleinen Theil der Lösung mit der drei bis vierfachen Menge Wasser, entsteht dadurch eine milchige Trübung, so können Fette oder ähnliche Körper vorhanden sein. Liegt dieser Fall vor, so verjagt man in der so behandelten Probe möglichst den Alkohol durch Erwärmen auf dem Wasserbade und schüttelt die abgeschiedenen Körper nach dem Erkalten im Scheidetrichter mit Aether oder Petrolaether aus. Im Rückstande entfernt man durch abermaliges Erwärmen den Aether und säuert die wässerige Flüssigkeit mit verdünnter Salzsäure an. Eine abermalige Ausscheidung von Fettsäuren oder von harzartigen Massen, lässt auf Seifen schliessen.

c) Es liegen Lösungen in Aether, Petroläther, Benzin, oder Benzol vor.

Man destillirt das Lösungsmittel in einem Theile der Lösung ab und untersucht, ob der Rückstand seinem Aussehen und Verhalten nach auf Fette, Wachs, Paraffine oder harzartige Körper schliessen lässt. Seifen sind in diesem Falle ihrer Schwerlöslichkeit wegen in nennenswerthen Mengen ausgeschlossen.

B. Die Untersuchung von Pasten, von emulsionsartigen Mischungen, oder auch von festen, eventuell in Pulverform vorliegenden Mischungen, welche für Appreturzwecke Verwendung finden sollen.

Eine Reihe von Appreturmitteln kommt in Form von salbenartigen Pasten in den Handel, welche aus Fettkörpern, Seifen, Eiweisskörpern in mehr oder weniger löslicher Form, aufgeschlossener Stärke, Dextrin, Gummi, in Verbindung mit anorganischen Substanzen zu bestehen pflegen.

a) Pasten und feste Körper. Zur Feststellung der organischen Bestandtheile in der Vorprüfung, überzeugt man sich zunächst, ob die Substanz in heissem Wasser vollständig löslich ist oder nicht, wenn dies nicht schon von der Prüfung auf die anorganischen Körper her bekannt ist.

Die etwaige Lösung, oder falls bei der Behandlung mit Wasser etwas unlöslich hinterblieb den wässerigen Auszug, benutzt man zu den Vorprüfungen nach A.

Den in Wasser unlöslichen Rückstand, welcher, im Falle er durch organisches Material bedingt ist, eventuell aus Stärke, Eiweisskörpern, Fett etc. bestehen kann, prüft man mit Jodlösung und mit Hilfe der Biuretreaktion.

Ausserdem ist es zweckmässig denselben einer mikroskopischen Durchmusterung zu unterwerfen, um etwaige Verwendung von Getreidemehlen, welche in dem mikroskopischen Bilde an den in diesem Falle nie fehlenden Gewebefragmenten der Samenkerne und Hülsen, den sogen. Kleien zu erkennen sind, festzustellen. Eine schwache Biuretreaktion kann bei Gegenwart von Mehl auf die Wirkung des Klebers (Eiweisskörpers des Mehles) zurückgeführt werden. — Harzseifen, welche vielfach in pastenartiger Konsistenz oder als zähflüssige Massen in den Handel kommen, lösen sich in Alkohol. (Siehe Vorprüfung der âlkoholischen Lösungen.)

Zum Nachweis von Fettantheilen oder verwandten Körpern, mischt man einen nicht zu geringen Antheil der Paste je nach ihrer Konsistenz mit einer grösseren oder kleineren Menge trocknen Bimssteinpulvers in einer Reibschale, so dass eine gleichmässige Masse entsteht und trocknet auf dem Wasserbade unter öfterem Umrühren, eventuell nochmals im Trockenschranke bei 100⁰ bis alle Feuchtigkeit möglichst entfernt ist. Nun füllt man den feinzerriebenen Rückstand in eine Papierhülse und extrahirt mit Petrolaether oder Aether im Soxhlet'schen Extraktionsapparate. Fette, Paraffine, Wachs, Harze werden auf diese Weise in Lösung gebracht und von dem übrigen getrennt. (Siehe Vorprüfung der Lösungen in Aether etc.) Feste pulverisirte Körper können zum Nachweis von Fetten, Harz und dergl. direkt mit Aether oder Petrolaether ausgezogen werden.

b) **Emulsionen**, d. h. milchig aussehende Flüssigkeiten, welche in häufig gummihaltigen wässerigen Lösungen Oel oder Fetttröpfchen in Suspension enthalten.

Eigentliche Emulsionen bleiben auch nach langem Stehen ziemlich gleichmässig milchig und undurchsichtig. Nicht selten begegnet man aber dem Fall, dass bei kürzerem oder längerem Stehen eine Trennung in zwei Flüssigkeitsschichten, in einen wässerigen Theil, welcher Salze und eine Reihe organischer Appreturmittel gelöst enthalten kann und in eine ölige Schicht erfolgt. Unter solchen Umständen trennt man beide Antheile vorsichtig auf dem Scheidetrichter und untersucht jeden für sich, den wässerigen Theil zur Ausführung der Vorprüfungen nach A, das Oel nach C. Tritt diese Scheidung der Flüssigkeiten nicht oder nur unvollständig ein, so dampft man auf dem Wasserbade unter Zusatz von Bimssteinpulver bis zur Verjagung des Wassers ein und zieht den Rückstand wie bei a mit Aether oder Petroläther aus. (Siehe unter Lösungen in Aether etc. Seite 33.) Die alsdann hinterbleibende Bimssteinmasse wird mit Wasser, dann mit verdünntem Alkohol ausgekocht und jeder Auszug für sich zu den Vorprüfungen nach A a u. b herangezogen.

C. Die Untersuchung von Oelen, Fetten, Wachs, Paraffin, Harz, Seifen, welche für Appreturzwecke dienen sollen.
(Hierher gehören auch alle aus Pasten, Emulsionen, Lösungen u. dergl. isolirte derartige Körper.)

a) Flüssige Fette. Oele. Man überzeugt sich, ob verseifbare oder unverseifbare Körper vorliegen. Auf den Boden eines Reagensglases bringt man ein Stückchen Kalihydrat von der Grösse einer Erbse etwa, übergiesst mit ca. 5 ccm Alkohol und erwärmt, bis nahezu völlige Lösung eingetreten ist. Nun werden von dem betreffenden Oele 3—4 Tropfen hinzugegeben und etwa eine Minute lang gekocht. Tritt alsdann bei dem Verdünnen mit Wasser eine Trübung ein, eine Abscheidung von Oeltropfen, so sind unverseifbare Bestandtheile zugegen. Bleibt die Lösung dagegen klar, so handelt es sich um völlig verseifbare Fettkörper.

Einen weiteren Antheil des Oeles prüft man auf einen etwaigen Gehalt an freien Fettsäuren. Da so ziemlich alle Neutralfette gleichzeitig Spuren oder kleine Mengen freier Fettsäuren aufweisen, so finden hier nur erheblichere Quantitäten, die als Zusätze aufgefasst werden können, Berücksichtigung.

Man erwärmt mit einer etwa 10 procentigen wässerigen Lösung von Natriumcarbonat. Neutralfette werden nicht verseift, während freie Fettsäuren als Natronsalze in Lösung gehen. Entsteht bei der Behandlung mit Natriumcarbonat eine klare Lösung, so sind nur freie Fettsäuren vorhanden, erhält man dagegen trübe Mischungen, so können auch Neutralfette zugegen sein.

Nach längerem Stehen scheidet sich die wässerige Lösung von der Fettschicht. Man pipettirt die erstere ab und versetzt sie mit verdünnter Salz- oder Schwefelsäure. Starke milchige Trübung weist auf viel freie Fettsäuren hin. Gleichzeitig vorhandene Harze verhalten sich wie freie Fettsäuren.

In ein Reagensglas bringt man 5 ccm des zu prüfenden Oeles und 1 ccm Schwefelsäure vom spez. Gew. 1,5, schüttelt tüchtig durch und lässt stehen. Bei reinen hellen Mineralölen und den meisten anderen Oelen ist die Säure nicht oder höchstens gelb gefärbt. Eine Zumischung von Harzöl erkennt man an einer röthlich-gelben bis roth-braunen Färbung der Säure. Tritt die Reaktion nicht oder unvollständig ein, so lässt man die Probe einige Zeit bei gelinder Wärme stehen. Oder man verfährt zum Nachweis von Harz nach der Reaktion von Storch, siehe unter c, Seite 38 oben.

b) Feste oder halbfeste Fette und verwandte Körper (Paraffin, Wachs, Harze). Um Verseifbarkeit oder Unverseifbarkeit festzustellen, verfährt man mit dem durch Erwärmen flüssig gemachten Körper wie unter a angegeben, wobei zu beachten ist, dass etwaige nach dem Verdünnen mit Wasser nicht sofort sondern allmählig eintretende Trübungen durch die Ausscheidungen von Seifen eintreten können. Wachs allein und ebenso

Paraffin sowie Harz sind an ihrem charakteristischen Aussehen, das erste und das letzte auch durch besonderen Geruch beim Erwärmen oberflächlich zu erkennen. Zur Prüfung auf Harz neben Neutralfetten erwärmt man eine Probe wiederholt mit 70procentigem Alkohol. Nur das Harz geht hierbei im wesentlichen in Lösung. Die alkoholische Lösung wird mit Wasser verdünnt. Harz, welches dadurch, eventuell nach Zusatz von etwas Salzsäure abgeschieden wird, lässt sich an seinem allgemeinen Verhalten, sowie durch die Reaktion nach Storch, siehe unter c unten, erkennen.

Zum Nachweis von Harz und Colophonium in Fetten schmilzt man ausserdem eine Probe, filtrirt sie wenn nöthig, schüttelt mit der gleichen Menge Schwefelsäure von 1,5 spec. Gew. durch, erwärmt sie in einem Reagensglase im Wasserbade bei 60⁰ und lässt sie bei dieser Temperatur einige Zeit stehen. Bei Gegenwart von Harz oder Colophonium färbt sich die Säure rothbraun, nach längerem Stehen in heissem Wasser dunkelroth. —

Um sich zu überzeugen, ob ausser Fetten noch Beimengungen anderer Körper vorliegen, schüttelt man einige Gramme des Körpers in einem trockenen Reagensglase mit leicht siedendem Benzin oder Aether.

Tritt völlige Lösung ein, so kommen nur reine Fett- resp. Oelbestandteile, unter Umständen auch Harz und Paraffin in Frage. Grössere Mengen von Wasser, die sich in dem Fett befanden, veranlassen in der Benzinlösung eine weisse Trübung, die auf Zusatz von Alkohol wieder verschwindet. Ist eine völlige Lösung nicht eingetreten, so wird nach längerem Stehen, wenn möglich durch Filtration von dem Rückstande getrennt. Wird derselbe durch Salzsäure unter Abscheidung von Fetttropfen beim Erwärmen zersetzt, so liegt Seife vor. Anorganische Rückstände sind nach Abschnitt I näher zu untersuchen. —

Zum Nachweis freier Fettsäuren verfährt man wie unter a angegeben.

c) Seifen. In Wasser oder in Alkohol lösliche feste oder halbfeste Körper, deren Lösung beim Schütteln stark schäumt und beim Ansäuern mit Salzsäure oder Schwefelsäure durch Abscheidung von Fett, resp. Harzsäuren stark getrübt wird.

Um Letztere neben den Fettsäuren zu erkennen, zieht man die durch die Mineralsäure eingetretene Fällung mit Aether aus,

Fett und Harzsäuren lösen sich. Der Aether wird mit Wasser gewaschen, vom Wasser getrennt, verdunstet und der Rückstand über Schwefelsäure oder im Luftbad getrocknet. Man löst ihn sodann in einer geringen Menge Essigsäureanhydrid in der Wärme, kühlt ab und versetzt mit Schwefelsäure von 1,53 spez. Gew. Eine intensive roth- bis blauviolette Färbung, welche in der Regel bald wieder verschwindet, deutet auf Harz hin.

Systematischer Untersuchungsgang zur Auffindung der organischen Appreturmittel.

1. Rein wässerige Lösungen.

a) Die Vorprüfung ergab beim Mischen mit dem achtfachen Volum starken Alkohols keine Trübung oder Niederschlag, Seifen sind in der Lösung nicht gefunden worden: Man behandelt zur Ausführung der Analyse nach Gruppe I.

b) Die Vorprüfung hat beim Mischen mit Alkohol eine Trübung oder einen Niederschlag ergeben, Seifen sind nicht zu berücksichtigen: Man fällt einen Haupttheil der vorliegenden neutralen oder neutral gemachten, bei grosser Verdünnung zunächst auf dem Wasserbade auf ein möglichst kleines Volum concentrirten Lösung mit etwa der achtfachen Menge circa 96 volumprocentigen Alkohols unter Zusatz von etwas 10 procentiger Chlorammoniumlösung. Den Niederschlag lässt man in verschlossenem Gefässe absitzen, filtrirt, sobald die Lösung annähernd klar geworden ist, wäscht den Filterrückstand mit etwas Alkohol nach und behandelt das Filtrat zur Untersuchung nach Gruppe I, den Niederschlag dagegen nach Gruppe II.

c) Die Vorprüfung hat die Anwesenheit von Seifen ergeben.

α) *Es sind durch Alkohol fällbare Körper nicht zugegen:* Man versetzt die Lösung oder einen Haupttheil derselben in vorher einigermassen concentrirtem Zustande mit verdünnter Salzsäure oder Schwefelsäure bei gewöhnlicher Temperatur, wodurch die Seifen unter Abscheidung von Fettsäuren oder Harzsäuren zersetzt werden. Durch Ausschütteln mit Aether oder Petrolaether auf dem Scheidetrichter entfernt man die letztgenannten Körper von der wässerigen Lösung. Diese wird mit Ammoniak neutralisirt, der Aether durch Einblasen von Luft oder gelindes Erwärmen auf dem Wasserbade verdrängt und nach Gruppe I untersucht. In dem aetherischen Auszuge entfernt man den Aether durch Destillation und prüft den hinterbleibenden Rückstand zur näheren Bestimmung nach Gruppe III.

β) Es sind durch Alkohol fällbare Körper zugegen: Wie unter b giebt man zu der auf ein kleines Volum eingeengten Lösung die achtfache Menge Alkohol und wenig Chlorammoniumlösung. Den Niederschlag filtrirt man ab und untersucht ihn nach dem Auswaschen mit Alkohol nach Gruppe II, das Filtrat ist zunächst von Alkohol zu befreien, im übrigen aber genau nach α zu behandeln.

2. Alkoholische Lösungen.

Die Trennung von etwaigen Seifen einerseits, Fetten, Harzen etc. anderseits, nimmt man mit einem Haupttheile der Lösung in derselben Weise vor, wie bei den Vorprüfungen unter A. b angeführt wurde. Die nähere Behandlung der Seifenlösung erfolgt nach α Seite 38, die Prüfung und Bestimmung der aus der alkoholischen Lösung durch Verdünnung mit Wasser direkt erhaltenen Fettkörper und etwaigen Harze in Zusammenhang mit den Vorprüfungen auf Seite 35 und 36 C nach Gruppe III.

3. Pasten, feste Körper.

Sind Fette, Wachs, Paraffine, Harze nicht zu berücksichtigen, so behandelt man einen grösseren Antheil mit heissem Wasser und verfährt mit der vollständigen Lösung oder dem erhaltenen Auszuge je nach Umständen nach 1 a, b oder c. Unlösliche Rückstände sind nach gehörigem Auswaschen mit heissem Wasser einer eingehenderen Prüfung auf Eiweisskörper nach Seite 54 zu unterwerfen. Geht aus den Ergebnissen der Vorprüfung die Nothwendigkeit der Behandlung mit Alkohol hervor, so ist die alsdann damit erhaltene Lösung oder der Auszug auf Seifen, besonders Harzseifen zu untersuchen.

Ist dagegen der Anwesenheit von Fetten, Wachs,

Paraffinen, Harzen Rechnung zu tragen, so muss ein grösserer Antheil der Paste wie bei der Vorprüfung mit Bimsstein gemischt in gut getrocknetem Zustande mit Aether oder Petroläther extrahirt werden. Feste und pulverförmige Substanzen werden wie früher direkt derselben Behandlung unterworfen.

Die rückständige Bimssteinmasse oder das von Fett etc. befreite Pulver wird ein- bis zweimal mit heissem Wasser ausgekocht, die filtrirten Lösungen oder Auszüge vereinigt, auf dem Wasserbade concentrirt und je nach Massgabe der Vorprüfungen wiederum nach 1 a, b oder c näher untersucht. Auch hier ist ein nochmaliges Ausziehen des Bimssteinrückstandes mit Alkohol, falls das Untersuchungsobjekt in Wasser unvollständig löslich ist, nicht zu übersehen.

Bei der Untersuchung von Pasten und festen Körpern ist es empfehlenswerth, der chemischen Prüfung eine mikroskopische Betrachtung des vorliegenden Materials in seinem ursprünglichen Zustande folgen zu lassen. In der Vorprüfung wurde schon auf eine mikroskopische Durchmusterung etwaiger Rückstände hingewiesen. Bei ca. 200—250 facher Vergrösserung erkennt man gegebenen Falles sehr deutlich die charakteristischen Formen der einzelnen Stärkekörnchen verschiedener Abstammung, welche bei deutlichem Vorhandensein der Struktur und normalem Umfange für die gewöhnlichen Stärkemehlsorten (Kartoffelstärke, Weizenstärke, Reisstärke, Maisstärke), in weniger strukturausgeprägtem, oder verquollenem, zerrissenem Zustande aber für die Handelsdextrine, Stärkekleister und aufgeschlossenen Stärken bezeichnend sind. Um die ebenfalls bei den Vorprüfungen schon erwähnten Kleien, welche auf Zusatz eines Getreidemehls schliessen lassen, deutlich aufzufinden, bringt man einen grösseren Antheil der Substanz zunächst in eine Porzellanschale, übergiesst mit Wasser und erwärmt auf dem Wasserbade. Nach einiger Zeit giesst man den gelösten Theil durch ein feines Haarsieb oder durch ein Tuch, erwärmt den Rückstand wieder, entfernt die Lösung abermals und wiederholt diese Behandlung bis das Wasser klar abläuft. Den Rückstand betrachtet man nun unter dem Mikroskope. Auf diese Weise werden die in Wasser unlöslichen Theilchen des Samengewebes, die Hülsentheilchen etc. angehäuft und für die Besichtigung besser zugänglich gemacht.

Die Kleien erscheinen unter dem Mikroskope als kleinzellige, zerrissene, häufig gelblichgefärbte Gebilde. Im übrigen können sich im Gesichtsfelde amorphe Körper finden, welche mit Sicherheit auf diesem Wege nicht zu erkennen sind.

4. Emulsionen.

Zur genauen Prüfung geht man mit einem grösseren Quantum wie bei der Vorprüfung zur Gewinnung einheitlicher Lösungen vor und untersucht dieselben in Anlehnung an die aus den Daten der Vorproben gefolgerten Schlüsse.

5. Fette und Oele, Paraffin, Wachs, Harz.

a) Bei gewöhnlicher Temperatur flüssige Körper, Oele: Hat die Vorprüfung unverseifbare Antheile nicht ergeben, so verfährt man je nachdem Neutralfette allein oder solche gemischt mit erheblichen Mengen freier Fettsäuren vorliegen nach Seite 71 α und 71 β Gruppe III. Zur Unterstützung der alsdann gewonnenen Resultate können bei fetten Oelen die qualitativen Reaktionen derselben (siehe die Tabelle in Benedikt. Analyse der Fette und Wachsarten) vorgenommen werden.

Sind dagegen durch die Vorprüfung unverseifbare Bestandtheile festgestellt, Harze jedoch ausgeschlossen, so kann es sich um eine Trennung von Mineralölen und fetten Oelen handeln. Nähere Angaben finden sich alsdann unter Gruppe III Seite 72 γ. Verseifbare Oele mit Harzgehalt, einerlei ob gleichzeitig freie Fettsäuren mitzuberücksichtigen sind oder nicht, unverseifbare Oele mit Harzgehalt (unverseifbare Rückstände aus Oelgemischen mit Harzgehalt), Mischungen aus Neutralfetten, freien Fettsäuren, Mineralölen, Harz oder Harzölen bestehend, sind gleichfalls nach Gruppe III δ. ε. ζ Seite 74 und 75 zu trennen und die einzelnen Bestandtheile entsprechend weiter zu prüfen.

b) Bei gewöhnlicher Temperatur feste Körper, feste oder halbfeste Fette, Wachs, Paraffin, Harz: Blieb beim Behandeln einer Probe eines festen oder halbfesten Fettes mit Benzin, Petroläther oder Aether ein unlöslicher Rückstand, so unterwirft man einen grösseren Antheil des Gemisches derselben Behandlung im Scheidetrichter. Rückstände werden getrennt und je nach ihrer Zugehörigkeit zur anorganischen oder organischen Klasse der Appreturmittel für sich der Analyse unterworfen. Die nach Verdunsten des Petroläthers gebliebene Fettsubstanz ist näher zu prüfen. (Vergleiche das Nachstehende.)

α) *Die Probe zur Feststellung der Verseifbarkeit in der Vorprüfung blieb beim Verdünnen mit Wasser klar:* Unverseifbare Antheile sind alsdann ebenso wie auch Bienenwachs ausgeschlossen. Neutralfette bestimmt man nach Gruppe III α, Seite 76. Bei gleichzeitiger Anwesenheit freier Fettsäuren verfährt man nach β Seite 76. Sind auch Harze zu berücksichtigen nach δ Seite 77.

β) *Die Verseifungsprobe ergab beim Verdünnen mit Wasser eine Trübung:* Es können sich hier finden Paraffin, Wachs, neben verseifbaren Antheilen. Je nachdem Harze nicht zugegen, oder vorhanden, sind die hier möglicherweise in Gemischen vorliegenden Körper, Neutralfette, Paraffin, Wachs, freie Fettsäuren nach den Angaben von Gruppe III Seite 76 bis 78 zu trennen und die Einzelbestandtheile möglichst näher zu untersuchen.

6. Seifen, welche in Substanz vorliegen und einer näheren qualitativen Prüfung zu unterwerfen sind.

Einen Theil verascht man und untersucht den Rückstand nach Abschnitt I, qualitative Analyse der anorganischen Körper.

Einen zweiten Theil löst man in Wasser oder in verdünntem Alkohol, filtrirt von unlöslichen Bestandtheilen ab, zerlegt mit verdünnter Salz- oder Schwefelsäure, reinigt die abgeschiedenen Fett, resp. Harzsäuren, indem man sie zunächst durch Ausschütteln im Scheidetrichter mit Aether in Lösung bringt, den Auszug nach der Trennung von der sauren Flüssigkeit, ein bis zweimal mit Wasser durchschüttelt, davon trennt und den Aether alsdann abdestillirt oder im Porzellanschälchen verdunstet. Der Rückstand (Fettsäure oder Fettsäure Harzsäuregemenge) wird zur Entfernung der Feuchtigkeit noch kürzere Zeit im Luftbade bei

100° getrocknet. Nähere Untersuchung und Trennung der Fettsäuren von Harzsäuren siehe Gruppe III Seite 68 b.

Gruppe I[1]).

Prüfung auf: Traubenzucker (Stärkezucker, Glycose), Rohrzucker, Glycerin.

Zur Untersuchung kommt das alkoholische Filtrat des durch Zusatz der achtfachen Menge Alkohols in der vorliegenden Lösung entstandenen Niederschlags nach der Entfernung des Alkohols[2]), oder direkt die wässerige Lösung, in welcher Alkohol keinen Niederschlag hervorbrachte.

Da Rohrzucker seines verhältnissmässig hohen Preises halber wenig zu Appreturzwecken Verwendung findet, so wird man nur in seltenen Fällen auf sein Vorkommen Rücksicht zu nehmen haben.

a) Nachweis von Traubenzucker und Glycerin.

Die wässerige Lösung theilt man in zwei annähernd gleiche Theile. Von der einen Hälfte nimmt man eine grössere Probe, versetzt mit Fehling'scher Lösung bis zur deutlichen Blaufärbung und kocht kurze Zeit. Tritt fast sofort oder nach kurzem Stehen eine Trübung und Umschlag der blauen Farbe in gelb oder grüngelb ein, oder direkt eine Abscheidung von rothem Kupferoxydul, so kann Traubenzucker vorliegen. Da Dextrin und Pflanzenschleime, welche sich spurweise hier noch finden könnten, bei längerem Kochen die Fehling'sche Lösung gleichfalls reduciren, so ist es zum sicheren Nachweis von Traubenzucker empfehlenswerth, noch folgende Prüfung vorzunehmen.

Eine weitere Probe versetzt man mit mehreren Kubikcentimetern einer Lösung von normalen krystallinem Kupferacetat,

---

1) Es bleibt zu berücksichtigen, dass sich hier Spuren von Dextrin, eventuell auch von Pflanzenschleimen und Gummi finden können, falls die Ausfällung mit Alkohol keine ganz vollständige war.

2) Den Alkohol, welcher zur Fällung der nach Gruppe II auffindbaren Körper diente, destillirt man auf dem Wasserbade ab. Grössere auf diese Weise aus Analysen zurückgewonnene Quantitäten entwässert man (siehe Anhang über Reagentien) und benutzt sie wieder für die folgenden Untersuchungen.

welche 1 Theil dieses Salzes auf 15 Theile Wasser und gleichzeitig 1 Procent freie Essigsäure enthält.

Nur Traubenzucker zeigt hierbei entweder bald oder nach einigem Stehen Reduktion.

Zur Auffindung des Glycerins dampft man die zweite Hälfte der wässerigen Flüssigkeit auf dem Wasserbade so weit ein, dass der Rückstand sich aus dem Porzellanschälchen eben noch in ein gut getrocknetes Reagensgläschen überfüllen lässt[1]). Eventuell erhitzt man in dem Reagensglase noch einige Zeit vorsichtig über der freien Flamme, um noch mehr zu concentriren, wobei ein Anbrennen oder Verkohlen sorgfältig zu verhüten ist. Nun giebt man das sechs bis achtfache Volum gepulvertes Kaliumbisulfat (saures schwefelsaures Kalium) hinzu, mischt möglichst durch Umrühren mit einem Glasstabe und erhitzt kräftig über der Bunsenflamme mehrere Minuten lang, bis das Bisulfat geschmolzen ist und sich Dämpfe deutlich zu entwickeln beginnen. Ein hierbei auftretender stechender Geruch nach Acroleïn, welcher durch seine ätzende und brennendscharfe Wirkung auf die Schleimhäute ausgezeichnet ist, spricht für das Vorhandensein von Glycerin. Nicht zu verwechseln ist damit der stechende Geruch des Schwefligsäureanhydrids, welches sich hier fast immer durch Reduktionswirkung vorhandener organischer Substanz zu bilden pflegt. In Zweifelfällen führt man am besten die Acroleïnreaktion mit einem Tropfen reinen Glycerins zum Vergleich in einem anderen Reagensglase aus, oder man verfährt zum Nachweis des Glycerins nach α.

α) *Prüfung auf Traubenzucker, Rohrzucker, und Glycerin*[2]). Den Hauptantheil der von Alkohol befreiten Flüssigkeit, oder

---

[1]) Ein beim Eindampfen der wässerigen Lösung verbleibender dickflüssiger, öliger Rückstand, welcher auch nach langem Erhitzen auf dem Wasserbade sein Volum und seine Beschaffenheit nicht verändert, macht die Gegenwart von Glycerin wahrscheinlich, doch darf anderseits be nahezu völligem Eintrocknen, wenn auch Zucker und Salze vorliegen, die Prüfung auf Glycerin nicht ausser Acht gelassen werden.

[2]) Für diese Bestimmung lässt sich auch direkt das alkoholische Filtrat des durch Alkohol entstandenen Niederschlags verwenden, wenn die ursprüngliche, mit Alkohol gefällte Lösung auf ein möglichst kleines Volum, etwa bis zur Syrupkonsistenz, eingeengt war. Man fügt das gleiche Volum Aether hinzu.

der wässerigen Lösung, welche durch Alkohol nicht gefällt wurde, dampft man, nachdem man sich mit einer kleinen Probe von der Gegenwart von Traubenzucker überzeugt hat, auf dem Wasserbade zur Syrupkonsistenz ein und setzt das vier- bis fünffache Volum möglichst starken etwa 95 bis 98 volumprocentigen Alkohols, sowie ein der gesamten Flüssigkeitsmenge gleiches Volum Aether hinzu. Zucker (Traubenzucker und auch etwaiger Rohrzucker) wird dadurch in klebrigem Zustande oder in Form einer syrupförmigen Flüssigkeit ausgeschieden, während das Glycerin in der Alkohol-Aethermischung gelöst bleibt. Durch etwa 24 stündiges Stehen in wohlverschlossenem Gefässe, wird die Abscheidung vervollständigt, die Flüssigkeiten lassen sich mit Hilfe des Scheidetrichters trennen, oder man filtrirt von etwa in festem Zustande abgeschiedenem Zucker ab. Als völlig frei von Zucker ist die Alkohol-Aetherlösung in der Regel nicht zu betrachten, doch wird durch eine so kleine Beimengung der Nachweis von Glycerin nicht beeinträchtigt. Durch nochmaliges Eindampfen und erneute Behandlung des Rückstandes mit Alkohol-Aether lässt sich übrigens eine weitere Reinigung erzielen.

Die syrupförmige Zuckerlösung, welche man auf dem Scheidetrichter getrennt hatte, oder die mit wenig Wasser hergestellte Lösung des Alkohol-Aetherniederschlags, prüft man falls Rohrzucker berücksichtigt werden soll und Traubenzucker gefunden wurde, folgendermassen:

In einer kleinen Porzellanschale wird die Flüssigkeit mit verdünnter Natronlauge zunächst alkalisch gemacht, zum Sieden erhitzt und solange tropfenweise mit Fehling'scher Lösung unter fortgesetztem Kochen und Umrühren versetzt, bis unter Abscheidung von rothem Kupferoxydul eine blassblaue Färbung stehen bleibt, die auch bei längerem Kochen nicht mehr verschwindet. Den Eintritt der Blaufärbung erkennt man am besten, wenn man die Flamme einen Augenblick unter der Schale wegzieht und das Kupferoxydul absitzen lässt. Man filtrirt, säuert das Filtrat mit verdünnter Schwefelsäure an, kocht etwa 10 Minuten, macht abermals mit Natronlauge alkalisch, giebt Fehling'sche Lösung hinzu, erhitzt kurze Zeit zum Sieden und beobachtet, ob nun abermals Reduktion eintritt, in welchem Falle auf Rohrzucker zu schliessen wäre.

Ist Traubenzucker nicht zugegen und wurde überhaupt beim Erhitzen einer kleinen Probe der in Frage kommenden Flüssigkeit mit Fehling'scher Lösung keine Veränderung derselben beobachtet, so ist direkt zur Prüfung auf Rohrzucker nach vorausgegangener Behandlung mit verdünnter Schwefelsäure überzugehen.

Zur Bestimmung von Glycerin in der Alkohol-Aethermischung, dampft man auf dem Wasserbade zur Verjagung der beiden flüchtigen Körper auf ein möglichst geringes Volum ein, so dass der Rückstand eben noch in ein Reagensglas überführbar ist. Eventuell nimmt man die Concentration vor, nachdem Alkohol und Aether in der Hauptsache durch Destillation entfernt sind. Wie vorher wird auch jetzt die Acroleïnprobe vorgenommen, wobei nach der Beseitigung des Zuckers eine Störung durch Schwefligsäureanhydrid weniger in Betracht kommt. Oder man schliesst das Reagensglas mit einem gutpassenden Korkstopfen, welcher in einer Bohrung eine zweimal rechtwinkelig gebogene dicht unter dem Stopfen endende Glasröhre trägt, die in eine mit schwefliger Säure entfärbte Fuchsinlösung einmündet. Letztere befindet sich in einem zweiten Reagensgläschen, welches man ebenso wie das erste in passender Entfernung in eine Klammer einspannt. Die fuchsinschweflige Säure bereitet man sich durch vorsichtigen tropfenweisen Zusatz von schwefliger Säure zu einer wässerigen, deutlich roth gefärbten Fuchsinlösung, wobei ein Ueberschuss von schwefliger Säure zu vermeiden ist Die beim Erwärmen des Kaliumbisulfatgemisches sich entwickelnden Gase treten in die fuchsinschweflige Säure ein und rufen falls sich Acroleïn gebildet hat, ein Rothwerden der Lösung hervor. Ehe man die Flamme unter dem Reagensgemisch wegzieht, entfernt man die Vorlage, um ein Zurücksteigen der Flüssigkeit zu verhindern.

Zur Trennung des Zuckers von Glycerin kann man nach Barfoed auch folgenden Weg einschlagen:

Man setzt zu der zur Syrupkonsistenz eingedampften Flüssigkeit zuerst ein sechs- bis achtmal so grosses Volum starken Alkohols und darauf unter gutem Umschütteln nach und nach eine alkoholische Kalilösung (1 Theil Kalihydrat in 10 Theilen Alkohol) so lange sich noch ein Niederschlag bildet. Anfangs ist der Niederschlag, welcher sowohl aus Traubenzuckerkali wie auch aus Rohrzuckerkali bestehen kann, lose und weich, er wird aber bald und besonders wenn er aus Rohrzucker besteht, dicht, zusammenhängend und hart, so dass man ihn grösstentheils beim Abgiessen der Flüssigkeit im Glase zurückbehalten und mit Alkohol abspülen kann. Ist die abgegossene Flüssigkeit nicht ganz klar, so filtrirt man sie, am besten an der Saugpumpe, da sie sonst sehr langsam abläuft, und wäscht das Filter nebst Inhalt mit demselben Alkohol aus, der zum Abspülen des Hauptniederschlags diente. Den Niederschlag löst man nun in etwas Wasser, neutralisirt die Lösung sorgfältig mit Oxalsäure und scheidet das gebildete oxalsaure Kali durch Zusatz von 4 bis 5 Volum Alkohol aus. Nach einigem Stehen wird filtrirt. Durch Eindampfen des Filtrates erhält man den Zucker, welchen man wie früher auf Rohrzucker untersuchen kann. — Die Lösung des Glycerins ist häufig durch Hinzutritt von Kohlensäure aus der Luft etwas getrübt, von ausgefallenem Kaliumcarbonat, sie wird ohne darauf Rücksicht zu nehmen, mit verdünnter Schwefelsäure schwach angesäuert und nach einigem Stehen von dem unlöslichen Kaliumsulfat abfiltrirt. Das Filtrat mischt man mit nahezu der gleichen Menge Wasser, neutralisirt mit Natriumcarbonat und dampft auf dem Wasserbade bis zur Trockne ein. Der Rückstand wird bei gewöhnlicher Temperatur mit starkem Alkohol ausgezogen, wobei Glycerin in Lösung geht und nach Verjagung des Alkohols mit Hilfe der Acroleïnprobe nachweisbar ist.

Gruppe II.

Prüfung auf: Stärke, Dextrin, Gummi, Traganth und Pflanzenschleime, Leim, Eiweiss.

Zur Untersuchung kommt der Niederschlag, welcher aus einer wässerigen Lösung durch Zusatz des achtfachen Volums Alkohol ausgefällt wurde.

Der auf dem Filter gesammelte, mit Alkohol einige Male nachgewaschene Niederschlag, wird nach dem Abtropfen des Alkohols auf dem Filter ein- bis zweimal in frischem Zustande mit heissem destillirtem Wasser übergossen. Das Filtrat kann

enthalten: Dextrin, Gummi, Traganth und Pflanzenschleime, Leim und den grösseren Antheil etwa vorhandener
Stärke. Der Niederschlag, welcher auf dem Filter zurückbleibt kann bestehen aus: Eiweiss, kleineren Mengen von
Stärke.

Hat der mit Alkohol erzeugte Niederschlag vor seiner Behandlung mit Wasser längere Zeit, z. B. über Nacht gestanden
und ist am Filtrirpapier festgetrocknet, so tritt die Lösung in
Wasser nur sehr langsam und oft unvollkommen ein. Es empfiehlt sich daher diese Niederschläge stets in frischem Zustande
zur Verarbeitung zu bringen.

1. Die Untersuchung des in Wasser löslichen Theiles des Niederschlags.

a) Prüfung auf Dextrin und Stärke.

Dieselbe kommt hier namentlich in Betracht, falls die Vorprüfung ein abschliessendes Urtheil in diese Frage nicht erbringen
konnte. Lag eine Blaufärbung durch Jod vor, so kann neben
Stärke Dextrin zugegen sein. In diesem Falle dampft man
einen Teil des Filtrates oder auch der ursprünglichen wässerigen
Untersuchungslösung wie sie zur Vorprüfung Verwendung fand,
auf ein kleines Volum ein und versetzt unter Umrühren solange
mit Alkohol bis eine deutliche starke Trübung eingetreten ist,
lässt absitzen und filtrirt. Im Filtrate wiederholt man die
Dextrinreaktion, welche nach Entfernung aller oder fast aller
Stärke durch den Alkohol meist deutlich einzutreten pflegt. —
Liegt viel Dextrin neben wenig Stärke vor, so ist der direkte
Nachweis der letzteren mit Jodlösung unsicher, weil die Rothfärbung des Dextrins eine schwache Blaufärbung verdecken
kann. Unter diesen Umständen gelangt man zum Nachweis der
Stärke nach Burkard folgendermassen zum Ziele. Ein Theil
der Lösung des ursprünglichen Alkoholniederschlags wird vor-
sichtig mit soviel Alkohol versetzt, dass eben eine leichte
milchige Trübung hervorgerufen wird. Die schwach alkoholische
Lösung erwärmt man bis die Trübung wieder verschwindet.
Sodann setzt man etwas Tanninlösung hinzu und lässt erkalten,
wobei sich alle vorhandene Stärke als dünnflockiger Niederschlag

ausscheidet. Man filtrirt ab, wäscht den Niederschlag aus, trocknet und prüft mit Jodlösung, .wobei zu berücksichtigen bleibt, dass die Gerbsäure etwas Jod verbraucht und deshalb etwas mehr wie gewöhnlich davon verwendet werden muss, damit die charakteristische Blaufärbung zum Vorschein kommt.

b) Der Nachweis von Gummi, Traganth und Pflanzenschleimen.

Man fällt den Hauptantheil der wässerigen Lösung des Alkoholniederschlags mit basisch essigsaurem Bleioxyd (Bleiessig) im Ueberschuss. Gummi, Traganth und Pflanzenschleime werden in Form anfangs gelatinöser, oft klumpiger, beim Durchschütteln sich zusammenballender Niederschläge ausgefällt. Selten dürfte der Fall vorliegen, dass neben Gummi und Traganth einerseits gleichzeitig Pflanzenschleime, oder neben Gummi und Pflanzenschleimen andrerseits in derselben Appreturmasse noch Traganthschleime zur Verwendung kommen, da sich die Schleime des Traganths und anderer pflanzlicher Rohmaterialien in ihren Eigenschaften als Appreturmittel sehr nahe stehen. Ein exakter Nachweis von Pflanzenschleimen neben Traganthschleim oder umgekehrt ist daher praktisch nur selten von Wichtigkeit.

Der durch Bleiessig entstandene Niederschlag wird durch Filtration von der Flüssigkeit getrennt und auf dem Filter mit kaltem Wasser nachgewaschen. Im Filtrate befinden sich nun im wesentlichen und für qualitative Zwecke mit hinreichender Schärfe getrennt, etwaige Antheile von Dextrin und Leim, sowie von Stärke, während der Niederschlag Gummi, Traganth und Pflanzenschleime, daneben auch kleine, nicht in Betracht kommende Bestandtheile des Filtrates enthalten kann, welche letztere der voluminösen Beschaffenheit des Niederschlags wegen, leicht mit niedergerissen werden.

Zur Untersuchung des Bleiniederschlages verfährt man nach dem vollständigen Abtropfen der Waschflüssigkeit folgendermassen. Man übergiesst auf dem Filter einmal mit ca. 50 procentiger Essigsäure, so dass das Filter soweit der Niederschlag reicht im ersten Augenblicke vollständig damit bedeckt ist und lässt nun das Ganze ruhig stehen. Die Bleiverbindungen werden durch die Essigsäure zersetzt, essigsaures Blei geht in Lösung und filtrirt, ausserdem glatt und ohne Schwierigkeit die abgeschiedene Gummisäure, namentlich wenn es sich allein um einen Niederschlag von gummisaurem Blei gehandelt hat. In diesem Falle bleibt meist schon nach kurzer Zeit auf dem Filter kein Rückstand, zumal wenn der Niederschlag frisch und ohne angetrocknet zu sein zur Verarbeitung kam.

Ist dagegen neben Gummi auch Traganthschleim vorhanden, oder fehlte Gummi bei Gegenwart von Traganth, so bleibt auf dem Filter eine sehr schwer und langsam filtrirende, zunächst schleimige Flüssigkeit zurück, welche oft auch nach vielen Stunden unvollständig oder gar nicht durchs Filter hindurchgeht und schliesslich restirt nach dem Abtropfen der Essigsäure bei einigermassen beträchtlichen Antheilen von Traganthschleim eine gequollene, weissliche, meist gelatinöse Masse, welche beim Kochen mit Wasser nur langsam in Lösung zu bringen ist. Gummi und Traganth lassen sich also mit Hilfe dieser Behandlungsweise der Bleiniederschläge in einer für qualitative Zwecke genügenden Weise von einander trennen. Kleine Antheile von Traganthschleim gehen unter diesen Umständen mit der Gummisäure durch das Filter, finden sich also mit im Filtrate.

Liegt in dem Bleiniederschlage ausser Gummi oder beim Fehlen von Gummi eine Fällung aus Pflanzenschleim vor, so erhält man beim Behandeln mit Essigsäure als Filterrückstand nach dem Abtropfen der Essigsäure ebenfalls schleimige, manchmal, namentlich nach längerem Stehen des Bleiniederschlages, geléeartig gequollene Massen, die sich meist schon am Aussehen bei einiger Uebung vom Traganthrückstand unterscheiden lassen. Bei der Behandlung mit heissem Wasser tritt Lösung ein.

Es darf nicht übersehen werden, dass die Trennung des Gummi von Traganth und Pflanzenschleimen in oben geschilderter Weise sich nur dann erfolgreich durchführen lässt, wenn die in Betracht kommenden Quantitäten der Schleime nicht allzugeringfügige sind, denn kleinere Antheile dieser Körper gehen beim Lösen des Bleiniederschlags in Essigsäure mit dieser und mit etwaiger Gummisäure gleichzeitig ins Filtrat.

α) *Die Untersuchung des essigsauren Filtrates*, welches die aus dem Bleiniederschlage abgeschiedene Gummisäure enthalten kann, wird wie folgt vorgenommen: Einen Theil, eventuell falls wenig Flüssigkeit vorliegt, das Ganze, versetzt man mit Fehling'scher Lösung bis der entstandene weisse Niederschlag von Bleisulfat eben anfängt sich wieder zu lösen. Nun fügt man Natronlauge im Ueberschuss hinzu bis die Sulfatabscheidung vollkommen verschwunden ist, schüttelt tüchtig durch, zieht eventuell einige Male durch die Flamme und lässt dann bei gewöhnlicher Temperatur stehen. Ist Gummi zugegen, so scheiden sich entweder sofort, oder nach kurzer Zeit weisse, zähe Flöckchen ab, die sich zum grossen Theile an der Oberfläche der Flüssigkeit sammeln. Traganth und Pflanzenschleime zeigen diese charakteristische Reaktion ebensowenig wie Dextrin und Leim, welch' letztere vielleicht als spurweise Verunreinigungen mit in das essigsaure Filtrat gelangt sein könnten, sie bleiben in der klaren blauen Flüssigkeit gelöst. Bei Abwesenheit von Gummi lassen sich Antheile von Traganth oder Pflanzenschleimen im essigsauren Filtrate dadurch erkennen, dass man eine mit Fehling'scher Lösung noch nicht versetzte Probe mit der etwa sechsfachen Menge Alkohol durchschüttelt. Eine fadenartig flockige oder eine flockige Ausscheidung allein kann von Traganth oder Pflanzenschleimen herrühren.

Sind durch die qualitative anorganische Analyse neben den organischen Appreturmitteln gleichzeitig Sulfate der Alkalien, des Zinks, Magnesiums, etc. oder Phosphate oder Wasserglas nachgewiesen worden, Verbindungen, welche gleichfalls mit Bleiessig Niederschläge hervorbringen und dem Bleiniederschlag von Gummi, Traganth und Pflanzenschleim dann beigemischt sind, so lässt sich zur Erkennung der Letztgenannten dennoch die obige Trennungsmethode benutzen. Der Niederschlag wird wie gewöhnlich abfiltrirt, mit kaltem Wasser nachgewaschen und wie früher mit Essigsäure behandelt. Das essigsaure Filtrat ist in solchen Fällen manchmal trübe durch theilweise mit durchs Filter gegangene anorganische Bleiniederschläge. Dieselben lösen sich jedoch in einem Ueberschuss von Fehling'scher Lösung und Natronlauge, so dass die Gummireaktion nicht beeinträchtigt wird.

β) Die Untersuchung des Filterrückstandes: Liegen beträchtliche Mengen unfiltrirbarer schleimiger oder schleimig gelatinöser Rückstände nach dem Abtropfen der Essigsäure vor, so kann das Aussehen und die Beschaffenheit derselben, vorausgesetzt, dass keine Gemische vorliegen, manchmal als Fingerzeig zur Erkennung der Herkunft dienen.

Traganthschleim bleibt als mehr oder weniger zähe fadenartig aufgequollene, oft häutig erscheinende Masse zurück, welche sich auch nach längerem Stehen an der Luft nicht verändert, nicht gelb oder bräunlich wird.

Isländisch Moosschleim als schmutzig graue, gelatinös häutige Masse.

Flohsamenschleim besteht aus braunen, kurzfadenförmigen aufgequollenen Massen, die sich im Aussehen von der Bleifällung selbst nicht wesentlich unterscheiden.

Agar-Agarschleim erscheint als farblose, geléeartige Masse, die auch beim Stehen keine Färbung annimmt. Das Aussehen ist verschieden von dem des Traganthrückstandes, der mehr fadenartig häutig aussieht.

Carrageenschleim besteht aus etwas gelblich gefärbten, schleimig aufgequollenen Massen.

Leinsamenschleim bleibt als fadenartig aufgequollene schleimige, bräunlich gelb gefärbte Masse zurück, welche nach längerem Stehen wieder homogen wird.

Die in Bezug auf das unter β Angeführte gewonnenen Ergebnisse können natürlich nur von oberflächlicher Bedeutung sein und sie sind überhaupt völlig belanglos, sobald gleichzeitig Bleiniederschläge von Sulfaten, Phosphaten etc. herrührend, sich mit auf dem Filter befinden. Sollen bestimmtere Schlüsse aus der Beschaffenheit der Filterrückstände gezogen werden, so ist es nöthig mit selbstbereiteten Pflanzenabkochungen Vergleiche anzustellen.

Zur näheren Prüfung bringt man die auf dem Filter befindlichen Rückstände mit heissem Wasser in Lösung. Von etwaigen unorganischen, in Wasser unlöslichen Beimischungen ist durch Filtration zu trennen. Einen Theil des nicht zu verdünnten Filtrates oder der klaren Lösung trägt man in die sechs bis achtfache Menge Alkohol ein.

Dann erzeugen:

Traganthschleim eine farblose flockige Abscheidung,

welche häufig in charakteristischer Weise das Aussehen von faden-
artigen Gebilden annimmt.

Flohsamenschleim hellbräunlich gefärbte Abscheidungen,
die sich, in Fäden zusammenballend, meist an der Oberfläche
der Flüssigkeit anzusammeln pflegen.

Agar-Agarschleim flockige farblose Ausfällung.

Isländisch Moosschleim flockige Abscheidung, welche
sich nach einigem Stehen in zähe weisse Massen verwandelt.

Carrageenschleim durchscheinende farblose Flocken
oder Massen.

Leinsamenschleim flockige, farblose durchscheinende
Fällung.

Zu einer weiteren Probe der wässerigen Lösung fügt man
5 bis 10 procentige Tanninlösung im Ueberschuss. Traganthschleim bleibt klar und erleidet auch keine Veränderung bei
nachfolgendem Zusatz verdünnter Salzsäure, genau ebenso verhält sich Flohsamenschleim. Agar-Agarschleim bleibt beim Hin-
zugeben der Tanninlösung zunächst klar, säuert man aber mit
verdünnter Salzsäure an, so tritt eine farblose flockige Fällung,
nicht nur eine Trübung ein. Isländisch Moosabkochung erzeugt
mit Tanninlösung allein schon eine Trübung, welche durch verdünnte Salzsäure noch bedeutend verstärkt wird. Auch in sehr
verdünnten Lösungen entstehen alsdann noch schwache Trübungen.
Leinsamenschleim wird durch Tanninlösung allein nicht verändert,
jedoch erfolgt auf Zusatz verdünnter Salzsäure Trübung. Als
charakteristisch für Carrageenschleim kann das Verhalten desselben zu Barytwasser oder 10 procentiger Alaunlösung angesehen
werden, welche in der Lösung eine grossflockige, farblose Fällung
erzeugen, eine Erscheinung, die in den übrigen hier zu berück-
sichtigenden Pflanzenabkochungen ausbleibt.

Für das Vorhandensein von Gummi, Traganth oder Pflanzenschleimen in Lösungen, welche zur Untersuchung vorliegen, spricht
manchmal schon bis zu einem gewissen Grade eine schleimige,
zähflüssige Beschaffenheit derselben. Da die Ausfällung von
Pflanzenschleimen, durch basisch essigsaures Bleioxyd namentlich in sehr verdünnten Lösungen in manchen Fällen keine ganz
vollständige sein kann, so ist der Concentration der Lösung
einige Beachtung zu schenken.

c) Die Prüfung auf Leim (Gelatine).

Den Antheil der wässerigen Lösung, welchen man für diesen Zweck heranzieht, kocht man zunächst auf, setzt einen Tropfen Essigsäure hinzu oder zwei bis drei Tropfen verdünnte Salpetersäure, kocht nochmals auf und filtrirt von einer etwaigen Trübung oder Ausscheidung, durch Spuren von Eiweisskörpern hervorgerufen, ab. Die klare Lösung versetzt man, nachdem sie durch etwas Natronlauge alkalisch gemacht ist, mit einigen Tropfen Fehling'scher Lösung, schüttelt um und erwärmt gelinde. Eine Violettfärbung der Lösung, sofort oder oft erst nach einigem Stehen, ist beweisend für Leim oder Gelatine. Die Reaktion lässt sich statt mit Fehling'scher Lösung auch mit ein bis zwei Tropfen einer ca. 10 procentigen Kupfersulfatlösung ausführen, jedoch erhält man in diesem Falle bei Gegenwart von Gummi, Traganth oder Pflanzenschleimen gleichzeitig eine flockige blaue Abscheidung. Ein Ueberschuss, sowohl von Fehling'scher Lösung, wie auch von Kupfersulfat ist zu vermeiden, da eine stark tiefblaue Färbung die Biuretreaktion verdecken könnte, oder aber sich möglicherweise ausscheidendes Kupferoxydhydrat beim Erwärmen schwarz werdend, das Erkennen der Leimreaktion unnöthig erschweren würde.

Zu einem anderen Theile der neutralen wässerigen Lösung des Alkoholniederschlags, giebt man Tanninlösung im Ueberschuss. Leim erzeugt damit eine Trübung oder Fällung von gerbsaurem Leim. Diese Reaktion kann jedoch nur dann als Leimreaktion betrachtet werden, wenn auch die Biuretreaktion dafür spricht, denn auch durch Stärke wird eine ähnliche Trübung hervorgerufen und Pflanzenschleime sind unter Umständen ebenfalls im Stande Trübungen zu bewirken. Letztere pflegen sich jedoch auf Zusatz verdünnter Salzsäure meist zu verstärken, während die Gerbsäure-Leimfällung eher die Neigung besitzt sich in Salzsäure zu lösen.

2. Die Untersuchung des in Wasser unlöslichen Theiles des Alkoholniederschlags (Filterrückstandes).

Es können sich hier noch vorfinden coagulirtes Eiweiss und Reste von Stärke, wenn letztere in der Vorprüfung oder in der wässerigen Lösung des Alkoholniederschlages nachgewiesen wurde.

Man spült den Niederschlag vom Filter mit destillirtem Wasser in ein Schälchen, oder entfernt ihn, falls die Menge genügt, mechanisch durch Abkratzen mit einem Hornspatel oder einem Glasstabe, nachdem man das Filter auf einer Glasplatte ausgebreitet hat.

Zur Prüfung auf Eiweiss giebt man einen in Wasser suspendirten Theil des Filterrückstandes in ein Reagensgläschen und führt die Biuretprobe mit etwas Fehling'scher Lösung und Natronlauge aus. Eine andere Probe kocht man mit Millons Reagens. Tritt hierbei eine gelbliche Färbung der einzelnen Partikelchen ein, welche allmählig in rosa übergeht, so spricht diese Erscheinung für Eiweiss.

Ausserdem setzt man einem Gemisch aus 1 Volum concentrirter Schwefelsäure und 2 Volum Eisessig etwas von dem Niederschlag hinzu, nachdem man denselben von Wasser möglichst befreit hat. Die Flüssigkeit wird bei Anwesenheit von Eiweiss bei Zimmertemperatur langsam, schneller beim gelinden Erwärmen rothviolett. Leim giebt zum Unterschiede von Eiweiss diese Reaktion nicht. Ihr Eintritt ist daher für die Feststellung des letzteren von Wichtigkeit, falls bei ungenügendem Auswaschen des in Wasser unlöslichen Filterrückstandes Spuren von Leim zurückgeblieben sein sollten, welche zur Biuretfärbung führten.

Erhitzt man Theilchen des Niederschlags mit starker Salpetersäure zum Sieden, so bilden sich bei Gegenwart von Eiweiss gelbe Flöckchen.

Der Nachweis von Eiweisskörpern lässt sich, wie aus den Vorprüfungen hervorgeht, auch direkt mit einer zu untersuchenden Lösung vornehmen, ohne dass man erst die Fällung mit Alkohol ausführt. Zu diesem Zwecke wird die Flüssigkeit nach dem Ansäuern mit ganz wenig Essigsäure oder etwas Salpetersäure zum Sieden erhitzt. Das so abgeschiedene Eiweiss kann zur Ausführung obiger Reaktionen benutzt werden.

Um etwaige Ueberreste von Stärke, welche dem Filterrückstande noch beigemischt sein können, zu erkennen, setzt man einer mit Wasser angeschüttelten Probe einige Tropfen Jodlösung zu und beobachtet die Wirkung. Es kann sich bei dieser Prüfungsmethode nur noch darum handeln, einen etwaigen auf dem Filter zurückgebliebenen Rückstand, welcher keine Eiweissreaktionen ergab, zu identificiren.

Allgemeine Charakteristik der Fette, fettähnlicher Körper und Harze und ihrer physikalischen Bestimmungsmethoden.

Unter Fetten versteht man im Tier- und Pflanzenreiche verbreitete Körper, welche in Wasser unlöslich, in Aether, Petrolaether, Schwefelkohlenstoff leicht löslich sind, auf Papier einen durchsichtigen Fleck erzeugen und in der Kälte hart, häufig krystallinisch werden. Ihrer chemischen Zusammensetzung nach sind die Fette als Ester der Fettsäuren mit Glycerin zu betrachten. Derartige Ester, neutrale Verbindungen, führen die Bezeichnung „Neutralfette" im Gegensatze zu den „freien Fettsäuren", welche nicht mit Glycerin verbunden sind. Die Neutralfette werden durch Erwärmen mit alkoholischer Kali- oder Natronlauge verseift, das heisst unter Freiwerden von Glycerin in fettsaures Alkali (Seife) übergeführt, welches in Wasser löslich ist. Ebenso bilden auch die freien Fettsäuren beim Behandeln mit Alkalien Seifen.

Man unterscheidet nach der Konsistenz der Fette bei gewöhnlicher Temperatur: Feste Fette, z. B. Talg, Stearin, Palmitin. Halbfeste Fette z. B. Schmalz, Palmöl, Palmkernöl, Cocosöl. Flüssige Fette (Oele) z. B. Olivenöl, Ricinusöl, Leinöl, Rüböl, Baumwollsamenöl.

In chemischer Beziehung und auch in ihren physikalischen Eigenschaften den Fetten nahe stehen die Wachsarten. Für Appreturzwecke kommt besonders das gelbe, seltener das weisse Bienenwachs in Betracht. Dasselbe ist seiner chemischen Zusammensetzung nach zum Theil gleichfalls ein Fettsäureester, an welchem jedoch nicht das Glycerin, sondern der kohlenstoffreiche Melissylalkohol betheiligt ist. Das Bienenwachs besteht im wesentlichen aus Palmitinsäuremelissylester neben freier Cerotinsäure. Dasselbe verhält sich bei der Behandlung mit alkoholischem Kali wie die Fette, d. h. es wird verseift, jedoch mit der Einschränkung, dass der Verseifungsprocess langsamer von statten geht. Die Wachsarten fühlen sich im allgemeinen nicht fettig an wie die Fette, sondern sind entweder schon bei gewöhnlicher Temperatur, deutlicher noch beim Erwärmen, klebrig.

Ausser Fetten und Bienenwachs finden zu Appreturzwecken Körper Verwendung, welche den Fetten physikalisch nahe stehen, bei oberflächlicher Betrachtung von ihnen oft nicht sofort unterschieden werden können und entweder in Mischung mit Fetten und Oelen, oder für sich allein vorzukommen pflegen. Es sind dies das Paraffin und die Mineralöle, welche chemisch als Kohlenwasserstoffverbindungen zu betrachten sind und sich durch ihre Unverseifbarkeit (Unveränderlichkeit beim Erwärmen mit alkoholischer Kali- oder Natronlauge) strenge von den Fetten unterscheiden. Festes Paraffin wird namentlich aus den Produkten der trocknen Destillation von bituminösen Braunkohlen dargestellt, während die flüssigen Paraffine (Mineralöle) als hochsiedende bei 300° und höher übergehende Antheile des Rohpetroleums zu betrachten sind. Auch die Paraffine sind in Wasser unlöslich, dagegen gut löslich in Aether und Petrolaether, theilweise auch in Alkohol.

Unter Harzen versteht man zum grossen Theile im Pflanzenreiche vorkommende Körper, welche im allgemeinen ziemlich hart und spröde, sowie unkrystallinisch sind, auf frischem Bruche glänzende Flächen zeigen, häufig etwas durchscheinend und in Wasser unlöslich sind. In Alkohol und in Aether lösen sich die Harze ganz oder theilweise auf und bestehen, wenigstens die hier hauptsächlich in Betracht gezogenen, Fichtenharz und Colophonium, aus Kohlenstoff, Wasserstoff und Sauerstoff enthaltenden Säuren. Beim Erwärmen mit wässerigen Alkalien entstehen die sogenannten Harzseifen. Die Harze schmelzen beim Erwärmen für sich allein, wenn auch schwieriger als die Fette und verbreiten dabei häufig einen eigenartigen Geruch. (Harzgeruch.) Wird das Colophonium der Destillation unterworfen, so entsteht neben anderen Produkten das sogenannte Harzöl, welches aus Kohlenwasserstoffen, Harzsäuren und noch anderen sauerstoffhaltigen Körpern besteht. Kleinere Antheile des Harzöles sind verseifbar, die Hauptmasse aber unverseifbar.

Die gebräuchlichsten Seifen bestehen aus fettsaurem Natrium oder fettsaurem Kalium. An ihrer Zusammensetzung haben die Fettsäuren des Olivenöls, Leinöls, Rüböls, Ricinusöls hervorragenden Antheil, daneben erscheinen, namentlich in Appreturmitteln auch solche Seifen, welche mehr oder weniger hervorragend Stearinsäure oder ein Gemisch von Stearinsäure und Palmitinsäure enthalten. Ausserdem kommen zu Appreturzwecke harzsaure Alkalien, sogenannte Harzseifen, namentlich in Mischung mit gewöhnlichen Seifen zur Verwendung, welche sich in vieler Beziehung ähnlich den fettsauren Alkalien verhalten. Auch ihre Lösungen schäumen meistens beim Schütteln und scheiden ebenso wie die eigentlichen Seifen bei Zusatz concentrirter Laugen oder von Kochsalz, die Seife in Klumpen ab, wenn die Ausfällung auch nicht in dem Maasse eine vollständige ist, wie bei den normalen Fettsäureseifen. Beide Arten von Verbindungen haben weiter gemeinsam, dass sie durch Zusatz stärkerer Säuren z. B. der Mineralsäuren, zersetzt werden unter Abscheidung der freien Fett-, beziehungsweise Harzsäuren.

Während es im allgemeinen unschwer gelingt, in einem für Appreturzwecke gebräuchlichen Produkte die Gegenwart von festen und flüssigen Fettkörpern, von Paraffin, Mineralölen und Harzen als solcher überhaupt nachzuweisen, ist die Aufgabe, die einzelnen so aufgefundenen Körper, oder zur Untersuchung direkt vorliegende Fette und Oele etc. ihrer Natur und Herkunft nach speciell zu unterscheiden und genau zu bestimmen, meist eine recht schwierige und oft umständliche, zumal es sich häufig um Gemische zu handeln pflegt.

Folgende physikalische Hilfsmethoden finden zu diesem Zwecke besonders Anwendung:

Bestimmung des specifischen Gewichtes, Schmelz- und Erstarrungspunkt des Fettes, Schmelz- und Erstarrungspunkt der daraus abgeschiedenen Fettsäuren, Feststellung der Löslichkeitsverhältnisse.

Bei Oelen finden dieselben Ausführungen Verwendung. Von chemischen Bestimmungsmethoden seien hier anschliessend erwähnt die Verseifungszahl, Jodzahl, bei Oelen ferner die Acetylzahl und die qualitativen Reaktionen.

Die Bestimmung des specifischen Gewichtes fester Fette geschieht unter den verschiedenen Methoden, welche angegeben sind, am einfachsten durch Messung mit einem kleinen, entsprechende Skala tragenden Aräometer, welches man in das in einem Reagensglas befindliche, im Dampfe des kochenden Wasserbades geschmolzene Fett einhängt. Das Reagensgläschen bleibt am besten während der Dauer der Operation im Wasserbade mit Hilfe einer Stativklammer eingespannt. Man bestimmt auf diese Weise das spec. Gew. des Fettes bei 100° gegen Wasser von 15°C. Einfacher gestaltet sich die Feststellung des specifischen Gewichtes bei fetten Oelen, auch bei Mineralölen, welche mit Hilfe eines einfachen Piknometers oder auch eines Aräometers wie bei anderen Flüssigkeiten vorgenommen wird.

Specifische Gewichte der festen Fette[1].

Talg (Rinder und Hammel)	0,860	
Schweinefett	0,861	bei 100°C. bezogen auf
Palmöl	0,857	Wasser von 15°C. nach
Palmkernöl	0,866	Allen und Königs.
Cocosöl	0,863	
Bienenwachs	0,8221	
Stearin des Handels	0,8305	bei 98°C. bezogen auf Wasser von 15° nach Allen.
Ceresin	0,7530	

Specifische Gewichte der Oele bei 15° C. nach Allen.

Olivenöl	0,914—0,917
Ricinusöl	0,960—0,966
Sesamöl	0,923—0,924
Rüböl	0,914—0,917
Cottonöl (Baumwollsamenöl)	0,922—0,931
Mandelöl	0,917—0,920
Leinöl	0,932—0.937
Mohnöl	0,924—0,937
Hanföl	0,925—0,931

Die Feststellung des Schmelz- und Erstarrungspunktes von Fetten und Fettsäuren ist ein sehr wichtiges Hilfsmittel zur Unterscheidung dieser Körper. Auch hier sind verschiedene Methoden im Gebrauche, von welchen die folgenden hervorgehoben seien.

---

[1]) Aus Benedikt, Analyse der Fette und Wachsarten.

a) Schmelzpunktsbestimmung fester Fette und von Fettsäuren.

Nach der Methode von Pohl ermittelt man die Temperatur, bei welcher der Fettkörper flüssig wird in der Weise, dass man zunächst das Quecksilbergefäss des Thermometers einen Augenblick in das etwas über seinen Schmelzpunkt erhitzte Fett eintaucht, wodurch beim Herausnehmen des Thermometers ein dünner Ueberzug über die Kugel gebildet wird.

Nun lässt man längere Zeit, am besten einen Tag liegen und befestigt dann mit Hilfe eines Korkstopfens in einem Reagensgläschen, so dass das mit Fett überzogene Ende des Thermometers etwa 1 cm vom Boden entfernt bleibt. Die kleine Vorrichtung wird nun mit Hilfe einer Klammer etwa 2 cm über einer dünnen Asbestplatte festgespannt, diese mit dem Bunsenbrenner erwärmt und der Temperaturgrad am Thermometer abgelesen, bei welchem sich der erste Tropfen geschmolzenen Fettes am Quecksilbergefässe zeigt.

Genauer noch ist die Schmelzpunktsbestimmung im Kapillarröhrchen, d. h. in einem dünnwandigen engen Glasröhrchen von etwa 2—3 mm Weite und 3—4 cm Länge, wie man sich mehrere aus einer dünnen gewöhnlichen Glasröhre über dem Gebläse leicht anfertigen kann.

Ein derartiges oben und unten offenes Kapillarröhrchen taucht man in das geschmolzene, wenn nöthig filtrirte Fett und saugt je nach Länge des Quecksilberbehälters des Thermometers, welches zur Bestimmung benutzt werden soll, eine 1 bis 1,5 cm lange Fettschicht ein, schmilzt über dem Bunsenbrenner das eine Ende zu und lässt das so beschickte Röhrchen mindestens einen Tag lang an einem kühlen Orte liegen.

Diese letztere Vorsichtsmassregel ist deshalb nöthig, weil die Fette nach dem Verflüssigen erst nach längerer Zeit ihren normalen Schmelzpunkt wieder erlangen. Das Kapillarröhrchen wird nun mit Hilfe eines kleinen Gummiringes, welchen man sich leicht aus einem Stückchen Gummischlauch schneiden kann, derart am Thermometer befestigt, dass Quecksilberbehälter und Fettschicht sich möglichst gegenüberliegen. Das Thermometer, welches so mit dem Schmelzpunktsröhrchen verbunden ist, wird nun mit Hilfe eines durchbohrten Korkes und einer Klammer über einem kleineren Becherglase welches zu zwei Drittel mit Glycerin, eventuell auch mit Wasser gefüllt ist, festgehalten, so dass das Ende etwa 1 cm vom Boden des Glases entfernt bleibt und sich zugleich mit der grösseren Hälfte des Kapillarröhrchens mehrere Centimeter unter dem Spiegel der Flüssigkeit befindet. Das offene Ende des Letzteren muss in die Luft ragen. Mit einer etwas eingedrehten Bunsenflamme erhitzt man das auf einer Asbestplatte stehende Becherglas, wobei man durch Auf- und Niederbewegen eines Glasrührers für gleichmässige Temperaturvertheilung in der Flüssigkeit sorgt. Im Augenblicke, in welchem das Fettsäulchen in der Kapillarröhre klar und durchsichtig geworden ist, liest man am Thermometer ab und notirt diesen Punkt als Schmelzpunkt. Diese Methode zeigt das Ende des Schmelzens an und giebt im allgemeinen etwas höhere Werthe wie die vorige.

Sehr geeignet zur Bestimmung des Schmelzpunktes halbfester Fette ist die Methode, nach welcher man das Fett etwa 3 bis 4 cm hoch in ein Reagensglas einfüllt, ein durch Kork nicht luftdicht befestigtes Thermometer bis in das Fett führt, das Ganze etwa einen Tag stehen lässt, und dann in ein Becherglas mit Wasser einspannt. Beim langsamen Erwärmen des Letzteren beobachtet man die Temperatur, bei welcher das Schmelzen stattfindet.

b) Die Bestimmung des Erstarrungspunktes.

Die Daten, welche die Bestimmung der Erstarrungspunkte ergeben, sind im Stande, die aus den Schmelzpunkten abgeleiteten Schlüsse wesentlich zu unterstützen.

Soweit es sich um bei gewöhnlicher Temperatur feste Fette handelt, kommen der Unregelmässigkeiten wegen, welche viele dieser Körper beim Erstarren zeigen, fast nur die freien in reinem Zustande abgeschiedenen Fettsäuren in Betracht. Beim Abkühlen derselben sinkt die Temperatur zunächst bis zu einem gewissen Grade, bleibt sodann einige Zeit konstant und sinkt dann weiter. Während des Konstantbleibens findet die Erstarrung statt.

α) Erstarrungspunkte der Fettsäuren fester Fette: Ein Reagensglas von mittlerer Weite wird etwa zu zwei Drittheilen mit den Fettsäuren gefüllt und dann vorsichtig über der Flamme des Brenners erwärmt bis der grössere Theil des Reagensglasinhaltes geschmolzen ist, dann nimmt man die Flamme weg und rührt mit einem Glasstabe unter zeitweiliger Unterstützung durch die Flamme um, bis Alles verflüssigt ist. Am besten wird nun das Reagensglas mit Hilfe eines Korkes in ein feststehendes weisses Pulverglas eingesetzt, in das Reagensglas ein Thermometer eingesenkt, dessen einzelne Grade für sehr genaue Bestimmungen zweckmässig noch einmal in $^1/_5$ Grade getheilt sind. Das Quecksilbergefäss des Thermometers soll sich etwa in der Mitte des geschmolzenen Fettes befinden. Beginnt eben das Festwerden der geschmolzenen Masse an den Wandungen des Glases, so liest man am Thermometer ab und rührt mit demselben um. Die hierbei wenig sinkende Temperatur steigt sehr bald wieder auf den bei Beginn des Festwerdens abgelesenen Punkt, bei welchem sie auch etwa zwei Minuten stehen zu bleiben pflegt. Diesen Temperaturgrad bezeichnet man als Erstarrungspunkt.

β) Erstarrungspunkt von Oelen oder flüssigen Fettsäuren: Man bringt das Oel wiederum in ein Reagensglas, so dass dieses etwa 3 bis 4 cm hoch davon angefüllt ist und setzt wie bei der vorigen Bestimmung ein Thermometer ein, welches man, um ihm mehr Halt zu geben, mit Hilfe eines durchbohrten Korkstopfens in der Mündung des Gläschens befestigt. Damit der Kork nicht luftdicht abschliesst, versieht man ihn an der Seite mit einer Rinne.

Zweckmässig verwendet man ein Thermometer, dessen Skala erst oberhalb des Stopfens beginnt, weil dadurch die bequeme Ablesung bedeutend erleichtert wird. Das Reagensglas wird samt Thermometer in ein weithalsiges Glas eingesetzt und vortheilhaft darin mit Hilfe eines durchbohrten Korkstopfens lose befestigt, der Raum um das Reagensglas ist mit einer Kältemischung zu beschicken, aus welcher man das Glas von Zeit zu Zeit zur Beobachtung für wenige Augenblicke herausnimmt. Als Erstarrungspunkt notirt man diejenige Temperatur, bei welcher das Oel bei umgekehrtem Reagensglase eben nicht mehr fliesst. Zur Feststellung von Erstarrungspunkten, welche über 0° liegen, kommt man ohne Kältemischung zum Ziele, wenn man den unteren Theil des Reagenscylinders einfach mit Watte umwickelt, welche dann mit Aether befeuchtet wird, durch dessen Verdunstung die nöthige Abkühlung erreicht wird. Sind Temperaturen erheblich unter 0° nöthig, so bedient man sich vortheilhaft einer Mischung aus 2 Theilen kleingestossenem Eis oder Schnee mit 1 Theil Kochsalz, womit man bis auf — 25° C. gelangen kann. Wird der Zusatz von Kochsalz ·wesentlich verringert, so erhält man zwischen 0 und — 25° schwankende Temperaturen. Steht Eis nicht zur Verfügung, so kann man sich auch folgender Mischungen zur Erzeugung von Kältegraden bedienen:

5 Theile Chlorammonium, 5 Theile Salpeter, 8 Theile Glaubersalz, 16 Theile Wasser. Die Temperatur sinkt auf — 20° C. 25 Theile Chlorammonium in 100 Theilen destillirtem Wasser. Temperatur — 15°.

Im Nachfolgenden ist eine kurze Zusammenstellung von Schmelz- und Erstarrungspunkten der Fettsäuren wichtiger Fette und Oele, sowie von Fetten und Oelen selbst und anschliessend daran von Wachs und Paraffin gegeben, welche dem Werke von Benedikt, Analyse der Fette und Wachsarten entnommen ist und bei der Unterscheidung und Bestimmung der bei der Appreturanalyse aufgefundenen Fettkörper etc. zweckdienlich sein dürfte. Die Schmelz- und Erstarrungspunkte der freien Fettsäuren fester und flüssiger Fette sind zur Beurtheilung der Fette geeigneter als diejenigen der Neutralfette. Zur Gewinnung der freien Fettsäuren aus einem Neutralfette, einerlei ob dasselbe fest oder flüssig ist, verfährt man am besten nach folgender erprobter Vorschrift. 10 Gewichtstheile des Fettes oder Oeles werden mit 30 bis 40 Volumtheilen Weingeist und 4 bis 6 Gewichtstheilen Kalihydrat, die man vorher in etwa 20 Volumtheilen Wasser löst, in einem mit Rückflusskühler versehenen Kolben auf dem Wasserbade oder auf einer dünnen Asbestplatte zum Sieden erhitzt und etwa 1 Stunde lang darin erhalten. Nun giesst man in eine Porzellanschale und verdünnt mit ungefähr 200 ccm destillirten Wassers, kocht etwa eine halbe bis dreiviertel Stunde lang zur Verjagung des Alkohols und zersetzt die so erhaltene wässerige Seifenlösung mit verdünnter Schwefelsäure, worauf solange weiter erhitzt wird, bis sich die Fettsäuren klar abgeschieden haben. Erstarren dieselben beim Erkalten, so durchsticht man den Fettsäurekuchen nach dem Festwerden mit einem Glasstabe, giesst die Flüssigkeit ab und schmilzt den Kuchen noch zweimal mit destillirtem Wasser um, damit alle Schwefelsäure entfernt wird. Dann trocknet man im Exsiccator über Schwefelsäure oder durch kurzandauerndes Erhitzen im Luftbade bis die geschmolzene Fettsäure klar geworden ist.

Handelt es sich um beim Erkalten flüssig bleibende Fettsäuren, so bewirkt man die Trennung mit Hilfe eines Hebers aus einem Glasröhrchen hergestellt, oder auf dem Scheidetrichter, eventuell durch Ausschütteln mit Aether. Nach zweimaligem Auswaschen der aetherischen Lösung mit Wasser verdunstet man den Aether oder destillirt ihn ab und zieht die von Wasser und Schwefelsäure völlig befreiten Fettsäuren zur Untersuchung heran.

Schmelz- und Erstarrungspunkte der aus festen Fetten gewonnenen Fettsäuren.

		Schmelzpunkt	Erstarrungspunkt
Fettsäuren aus Talg		45° C.	43° C. n. v. Hübl
„ „ Hammeltalg		46—47° „	39° „ „ „ „
„ „ Rindertalg		45° „	43—45° „ „ „ „
„ „ Schweineschmalz		37—38° „	35° „ „ „ „
„ „ Palmkernöl		20,7° „	— „ „ Thörner
„ „ Palmöl		47—48° „	42—43° „ „ „
„ „ Cocosnussöl		24,6° „	20,4° „ „ v. Hübl
Technische Stearinsäure		55,3° „ 56,2—56,6° „ 56,0—56,4° „	55,2° „ 55,8° „ 55,7° „ } nach Rüdorff

Schmelz- und Erstarrungspunkte von festen Fetten.

	Schmelzpunkt	Erstarrungspunkt
Hammeltalg	44—55° C.	40—41° C. nach Thörner
Rindertalg	43—49° „	37° „ „ „
Schweineschmalz	26—32° „	26° „ „ „
Palmöl	36—37° „	— „ „ „
Palmkernöl	25—26° „	— „ „ „

Schmelz- und Erstarrungspunkte von Fettsäuren aus Oelen.

	Schmelzpunkt	Erstarrungspunkt
Fettsäuren aus Olivenöl	26,5—28,5° C.	nicht unter 22° C. n. Bach
„ „ Cottonöl (Baumwollsamenöl)	38° „	„ „ 35° „ „ „
„ „ Ricinusöl	13° „	„ „ 2° „ „ „
„ „ Rüböl	20,7° „	„ „ 15° „ „ „
„ „ Sesamöl	35° „	„ „ 32,5° „ „ „

Nach Bach füllt man die Fettsäuren in ein enges Reagensglas, lässt sie unter Abkühlung erstarren und erwärmt dann in einem mit Wasser gefüllten Becherglase, in welches man das Röhrchen einspannt über kleiner Flamme, während man mit einem Thermometer vorsichtig umrührt. Derjenige Punkt, bei welchem der Inhalt des Gläschens eben vollständig klar geworden ist, wird als Schmelzpunkt angenommen und derjenige, bei welchem sich bei nun folgendem Abkühlen um den Quecksilberbehälter des Thermometers Wolken zu bilden beginnen, als Erstarrungspunkt notirt.

Erstarrungspunkte von Oelen.

	Erstarrungspunkt	
Olivenöl	+ 2° C.	
Leberthran	0° „	
Rüböl	— 3,75° „	nach Berichten des Pariser
Mandelöl	— 10° „	städtischen Laboratoriums.
Mohnöl	— 18° „	
Leinöl	— 27° „	
Hanföl	— 27,5° „	

Schmelz- und Erstarrungspunkte von Wachs und Paraffin.

	Schmelzpunkt	Erstarrungspunkt		
Gelbes Wachs	63,4° C.	61,5° C. / 62,6° „ / 62,3° „	Als Schmelzpunkt ist hier jene Temperatur gemeint, bei welcher sich der Körper von einer damit überzogenen Thermometerkugel in erwärmtem Wasser loslöst.	nach Rüdorff
Weisses Wachs	61,8° „	61,6° „		
Paraffin	49,6° „ / 52,5—54° „ / 53° „ / 52,7—53,2° „	49,6° „ / 53° „ / 52,9° „ / 52,7° „		

Das Verhalten von festen Fetten oder von Oelen gegen Lösungsmittel kann mit zu ihrer Unterscheidung

herangezogen werden. Von festen Fetten kommen die Fettsäuren in Betracht.

Es lösen sich in .	100 gr absolut. Alkohol				
Fettsäuren aus Hammeltalg	5,02 gr Fettsäuren bei 10⁰ C.				
„ „ Ochsentalg	6,05 „	„	„	„	„
„ „ Schweinefett	11,23 „	„	„	„	„

Es lösen sich in	100 gr Benzol				
Fettsäuren aus Hammeltalg	14,70 gr Fettsäuren bei 12⁰ C.				
„ „ Ochsentalg	15,89 „	„	„	„	„
„ „ Schweinefett	27,30 „	„	„	„	„

nach Dubois und Paddé.

Bei Oelen kann das Löslichkeitsverhältniss in absolutem
Alkohol und in Eisessig Anhaltspunkte zur Erkennung gewähren.

Es lösen sich in 1000 g absolutem Alkohol bei 15⁰ nach
Girard

Olivenöl	36	g	Sesamöl	41	g
Hanföl	53	„	Mandelöl	39	„
Leinöl	70	„	Mohnöl	47	„
Rapsöl	15	„	Cottonöl	64	„

Ricinusöl ist durch seine Löslichkeit in absolutem Alkohol
in jedem Verhältniss und seine Unlöslichkeit in Petroleum und
Petroläther ausgezeichnet.

Zur Unterscheidung der Oele in Bezug auf ihre verschiedene Löslichkeit in Eisessig mischt man nach Valenta
gleiche Volumina des Oeles und von Eisessig (spez. Gew. 1,0562)
in einem Reagensglas gehörig durcheinander und erwärmt wenn
keine Lösung eintritt.

Es lösen sich bei gewöhnlicher Temperatur, diese zu 14
bis 20⁰ gerechnet, vollkommen klar: Ricinusöl.

Vollkommen oder fast vollkommen bei Temperaturen
von 23⁰ bis zum Siedepunkt des Eisessigs: Olivenöl, Cottonöl
(Baumwollsamenöl), Palmöl, Palmkernöl, Sesamöl,
Mandelöl.

Unvollkommen lösen sich bei der Siedetemperatur des
Eisessigs: Rüböl, Rapsöl.

Ferner gelingt es nach der Methode von Crismer, welcher die kritische Lösungstemperatur einer Anzahl von Fetten, Wachsarten und auch von Paraffin bestimmt hat, die Unterscheidungsmerkmale für diese Körper zu erweitern. Die Angabe von Crismer zur Ausführung der Bestimmung ist die folgende:

In ein kleines Röhrchen, welches aus einer engen Glasröhre hergestellt werden kann, bringt man einige Tropfen des zu untersuchenden Fettes mit der zweifachen Menge des Alkohols. Man schmilzt oben zu und befestigt mit Hilfe eines Gummiringes an einem Thermometer, spannt in ein kleines Becherglas ein, welches mit concentrirter Schwefelsäure angefüllt ist und zwar so, dass das Röhrchen mit dem Quecksilbergefäss untergetaucht ist. Nun wird erhitzt bis der Trennungsmeniskus beider Flüssigkeiten eine gerade Linie bildet, alsdann schüttelt man, wobei Mischung und Lösung eintritt. Unter sorgfältiger Beobachtung der Temperatur, lässt man nun erkalten und stellt den Punkt fest, bei welchem die Mischung, nachdem vorher Trübung eingetreten ist, sich wieder trennt. Die so festgestellte Temperatur ist die kritische Lösungstemperatur.

So lösen sich z. B. in Alkohol (sp. Gew. 0,8195 bei 15,5° C)

	Kritische Lösungstemperatur
Hammeltalg bei	116° C
Bienenwachs weiss bei	125—126° C
„ gelb bei	129—129,2° C.
Paraffin (Schmelzp. 42—44°)	143,5—144,2° C.

Bezüglich chemischer Methoden zur Erkennung und Bestimmung von Fetten und Oelen sei noch einmal besonders hier auf die Wichtigkeit der Feststellung der Verseifungszahlen, Jodzahlen und Acetylzahlen hingewiesen, deren Erläuterung und Beschreibung jedoch ausserhalb des Rahmens dieses Leitfadens liegen. Ausführliche Angaben über dieses Thema finden sich in Benedikt, Analyse der Fette und Wachsarten.

Dagegen möge die Bedeutung und Beschreibung einer wichtigen qualitativen Reaktion, der Elaïdinprobe hier Platz finden.

Bei der Einwirkung von salpetriger Säure auf das Glycerid der Oylsäure, das Oleïn, geht dieses in das Glycerid einer iso-

meren Säure, der Elaïdinsäure über, welches im Gegensatze zu
dem flüssigen Oleïn fest ist. Die trocknenden Oele, welche die
Glyceride der Leinölsäure und verwandter Säuren enthalten,
z. B. Leinöl, Mohnöl, Hanföl, zeigen diese Erscheinung nicht
und bleiben unter diesen Umständen ebenso wie die Mineralöle
flüssig. Je nachdem daher Oele erheblichere oder geringere
Mengen von Oleïn enthalten, werden sie unter dem Einflusse
der salpetrigen Säure mehr oder weniger fest werden oder
flüssig bleiben. Die Reaktion kann daher zur Unterscheidung
der einzelnen Oele, sowie zur Beurtheilung der Reinheit derselben
Verwendung finden.

Zur Ausführung bringt man etwa 10 g des zu untersuchenden Oeles in ein Reagensglas, fügt 5 g Salpetersäure von 40
bis 42° Bé. hinzu und 1 g Quecksilber und schüttelt etwa
5 Minuten tüchtig um, indem man mit dem Daumen verschliesst.
Ist das Quecksilber gelöst, so lässt man etwa 20 Minuten stehen
und schüttelt nochmals kurze Zeit um. Das Festwerden beginnt
bei Olivenöl schon nach einer Stunde. Jedenfalls lässt man
zur Beobachtung der Reaktion mehrere Stunden, im Falle sich
keine oder nur geringe Veränderung zeigt, bis zu 24 Stunden stehen.

Gruppe III.

Allgemeine Angaben zur näheren Untersuchung von Fetten und Oelen, Fettsäuren, Wachs, Paraffin, Mineral-ölen, Harzen.

1. Aus Seifen abgeschiedene Fettsäuren, eventuell Harzsäuren.

a) Es kommen nur Fettsäuren in Betracht, auf Harz
ist nicht Rücksicht zu nehmen.

Von festen und halbfesten Fettsäuren bestimmt man Schmelz-
und Erstarrungspunkt, von flüssigen ebenso Erstarrungs- und
Schmelzpunkt. Eventuell sind Verseifungs-, Jod- und Acetylzahl
zu bestimmen.

b) Ausser Fettsäuren sind gleichzeitig Harzsäuren
zu berücksichtigen.

Man behandelt das Fettsäure-Harzgemenge in der Wärme
mit 80 procentigem Alkohol bis sich alles soweit als möglich

gelöst hat und fällt sodann mit einer alkoholischen Chlorcalcium-
lösung, welche 1 Theil Chlorcalcium auf 15 Theile 80 procentigen Alkohol enthält, unter Zusatz von Ammoniak bis zur
alkalischen Reaktion. Nach dem Erkalten wird filtrirt, den
Rückstand, welcher fettsauren Kalk, besonders die Kalksalze
der festen Fettsäuren (Stearinsäure und Palmitinsäure), weniger
dasjenige etwaiger Oelsäure enthält, wäscht man mit 80 procentigem Alkohol nach. Im Filtrate befindet sich nun harz-
saurer Kalk und ölsaurer Kalk, falls Oelsäure im Gemische war.
Nach dem Ansäuern des Filtrates mit verdünnter Salzsäure und
Erwärmen, scheidet sich Harz als weiche klebrige, deutlich
erkennbar harzartige Masse ab, während der grössere Theil der
Oelsäure in der Flüssigkeit suspendirt bleibt, wodurch diese ein
milchiges Aussehen erhält. Letzteres ist weniger der Fall wenn
nur Harzabscheidung stattfand. Das Harz-Ölsäuregemisch, oder
die Harzausscheidung kann durch Ausschütteln mit Aether in
Lösung gebracht, das Lösungsmittel verdunstet und mit dem
Rückstand die Storch'sche Reaktion (siehe Vorprüfungen) zum
Nachweis von Harz wiederholt werden. Den oben erwähnten
Filterrückstand, welcher aus Kalksalzen der Palmitin- und
Stearinsäure bestehen kann, suspendirt man in Wasser, zersetzt
ihn mit Salzsäure, extrahirt die freie Fettsäure mit Aether,
isolirt sie daraus in reinem Zustande und nimmt Schmelz- und
Erstarrungspunkte.

Zur möglichst vollständigen Trennung der Harze von Fettsäuren, so dass man das aus einer Seife abgeschiedene Fett-
säuregemisch in seiner Gesamtheit auf Schmelz- und Erstarrungspunkt etc. untersuchen kann, eignet sich folgende Methode,
welche im wesentlichen mit der quantitativen Untersuchung
eines Harzfettsäuregemenges nach Barfoed übereinstimmt. Dar-
nach wird eine Probe auf dem siedenden Wasserbade in verdünnter Natronlauge und zwar mit einer Mischung von 1 Theil
Natronlauge (spec. Gew. 1,1) auf 6 Theile Wasser, ohne dass
man einen unnöthigen Ueberschuss verwendet, gelöst, bis zur
völligen Trockne eingedampft, der Rückstand fein gepulvert und
im Luftbade bei 100° einen Tag lang getrocknet. Alsdann
bringt man das Pulver noch warm in eine gut ausgetrocknete
lständigeselflasche, übergiesst mit wasserfreiem Alkohol, etwa mit

10 ccm für ungefähr jedes Gramm des Pulvers, schliesst mit dem Stöpsel, bindet diesen mit Bindfaden fest, umwickelt die Flasche mit einem Tuche und erhitzt dieselbe in ein Wasserbad eingehängt, möglichst unter Wasser einige Zeit lang auf 80°. Die Harzseife und ein Theil der Fettsäureseife lösen sich hierbei, letztere scheidet sich jedoch, sobald man nach dem Herausnehmen aus dem Bade abkühlen lässt, in Form einer Trübung wieder ab. Nun setzt man etwa das fünffache Volum von alkohol- und wasserfreiem Aether hinzu, wodurch die Abscheidung in Lösung gegangener Fettsäureseifen in Form eines voluminösen Niederschlages vollständig wird. Gut zugestopft bleibt nun das Ganze unter anfangs öfterem Durchschütteln ca. 24 Stunden bei gewöhnlicher Temperatur stehen. Ist Klärung eingetreten, so filtrirt man ab, verdunstet das Filtrat zur Trockne, löst den Rückstand soweit als möglich in Wasser und zersetzt die Harzseife mit verdünnter Schwefelsäure. Die Abscheidung kann speciell auf Harz geprüft werden.

Auf dem Filter befinden sich die Natronsalze der Fettsäuren, welche man in Wasser gelöst gleichfalls mit verdünnter Schwefelsäure zersetzt. Die wieder mit Hilfe von Aether oder Petroläther getrennten, in geeigneter Weise von Schwefelsäure und Feuchtigkeit befreiten Fettsäuren sind nach den vorstehend angegebenen Methoden (Schmelzpunkt oder Erstarrungspunkt, spec. Gew., Löslichkeit etc.) näher zu bestimmen.

2. Es liegen Fette, Oele, fettähnliche Körper (Wachs, Paraffin, Mineralöle, Harzöle), harzartige Substanzen vor.

Die Ausführung einer genaueren Untersuchung ist wesentlich abhängig von der zu Verfügung stehenden Quantität. Bei ganz unbedeutenden Rückständen, wie sie z. B. häufig nach dem Verdunsten ätherischer Auszüge von Gewebestücken erhalten werden, wird man sich, falls von dem Untersuchungsmaterial nichts mehr zu beschaffen ist, mit einer Prüfung auf Verseifbarkeit oder Unverseifbarkeit eines flüssigen oder festen hierher gehörigen Körpers, überhaupt mit den Ergebnissen der Vorprüfung begnügen müssen. Ist jedoch ein zur näheren Untersuchung und Bestimmung ausreichendes Quantum vorhanden, so nimmt man damit die nachfolgenden Behandlungen.

a) Bei Zimmertemperatur flüssige Körper, Oele.

α) Unverseifbare Antheile sind nicht gefunden, freie Fettsäuren sind in erheblicher Menge nicht zugegen, es liegt also ein fettes Oel vor: Mit einem Theile prüft man das Verhalten bei der Lösung in absolutem Alkohol und in Eisessig. (Siehe Seite 66). Eine weitere Probe benutzt man zur Feststellung des Erstarrungspunktes und führt ausserdem eine Bestimmung des specifischen Gewichtes aus. Schliesslich verseift man den Rest des Oeles, scheidet die Fettsäuren in reinem Zustande ab und prüft deren Erstarrungs- und Schmelzpunkt. Ausserdem können wieder Jodzahl, Verseifungszahl sowie die Elaïdinprobe gute Dienste leisten.

β) Unverseifbare Bestandtheile sind nicht zugegen, jedoch freie Fettsäuren in erheblicher Menge nachgewiesen: Zwei Möglichkeiten sind alsdann zu berücksichtigen. Entweder besteht der ölförmige Körper nur aus freien Fettsäuren, oder es sind ausser diesen gleichzeitig auch Neutralfette zugegen[1]). Um Neutralfette neben freien Fettsäuren nachzuweisen, verfährt man nach Geitel folgendermassen: 2 g der Fettsäuren löst man in 15 ccm heissem Alkohol und versetzt mit 15 ccm Ammoniak. Bei einigermassen erheblichen Mengen von Neutralfett trübt sich die Mischung. Ist die Ammoniakseifenlösung klar, so schichtet man sehr vorsichtig Methylalkohol darauf. Bei Spuren von Neutralfett entsteht noch eine Trübung in Form eines Ringes an der Berührungsstelle. Bei Palmöl und dunkelgefärbten Oelen ist der letzte Teil der Probe nicht ausführbar, indem der Ring nicht zur Erscheinung kommt. Liegen den Ergebnissen dieser Reaktion nach nur freie Fettsäuren vor, so wird direkt zur Bestimmung des Erstarrungs- und Schmelzpunktes geschritten.

Zur Trennung der Fettsäuren von Neutralfett, um jeden Theil für sich einer näheren Prüfung zu unterwerfen, bringt man etwa 10 g des Oeles in einen Mörser, zerreibt mit circa 5 g entwässertem Natriumcarbonat und erwärmt unter häufigem

---

[1]) Spuren von freien Fettsäuren sind als normale Bestandtheile in jedem Fette enthalten, kommen also hier nicht in Betracht. Sehr zweck dienlich zur qualitativen und quantitativen Bestimmung freier Fettsäuren erweist sich die Feststellung der „Säurezahl". (Siehe Benedikt.)

Umschütteln eine Stunde lang auf dem Wasserbade. Nachdem man soviel gepulverten Bimsstein zugemischt hat, dass eine lose Paste entstanden ist, zieht man mit Petroläther am Rückfluss-kühler in einem Kölbchen, besser in einem Soxhlet'schen Extraktionsapparat aus. Neutralfett geht in Lösung und kann nach der Verdunstung des Petroläthers als solches isolirt und näher untersucht werden. (Siehe unter α). Uebrigens ist es empfehlenswerth, den Petrolätherauszug vor der Verdunstung des Lösungsmittels nochmals mit Wasser durchzuschütteln, um kleine Antheile von Seifen, welche stets mit dem Fett gelöst werden zu entfernen.

Den Bimssteinrückstand, welcher die aus den freien Fettsäuren bei der Behandlung mit Natriumcarbonat hervorgegangenen Seifen enthält, zieht man mit verdünntem Alkohol in der Wärme aus, filtrirt, verjagt den Alkohol und zersetzt mit verdünnter Schwefelsäure. Die abgeschiedenen Fettsäuren sind die ursprünglich in freiem Zustande vorhandenen. Sie sind mit Hilfe von Aether oder Petroläther zu trennen, zu reinigen und nach den üblichen Methoden näher zu bestimmen.

γ) *Unverseifbare Bestandtheile sind zugegen, Harzreaktion ist in der Vorprüfung nicht eingetreten.* Zur Entscheidung, ob gleichzeitig noch verseifbare Antheile, fette Oele vorhanden sind, verfährt man nach Lux[1]) in folgender Weise:

Zunächst erhitzt man eine Probe von etwa 5 ccm in einem Reagensglase mit einem Stückchen Aetznatron über der Flamme bis zum Sieden und erhält darin 1 bis 2 Minuten. Bei Gegenwart von beträchtlichen Mengen fetten Oeles, 10 Procent und mehr, entsteht ein brenzlicher Geruch und die Flüssigkeit erstarrt meist bei geringer Abkühlung. Tritt diese Erscheinung nicht ein, so verfährt man, um etwaige geringe Bestandtheile, von etwa 2 Procent an, nachzuweisen noch folgendermassen:

Zwei mittelgrosse Bechergläser, von welchen das eine sich derart in das andere schieben lässt, dass die beiden Böden etwa 1 bis 2 cm von einander entfernt sind, werden als Paraffinbäder benutzt. Zu diesem Zwecke füllt man in das weitere Glas soviel geschmolzenes Paraffin, dass dieses sobald das zweite Glas

---

1) Die Methode eignet sich namentlich zum Nachweis kleiner Fettmengen in Mineralölen.

eingesetzt ist, in dem zwischen den Seitenwandungen befindlichen engen Raume etwas über der halben Höhe steht. Auch das zweite Glas wird nun mit geschmolzenem Paraffin gefüllt, so dass inneres und äusseres Niveau ungefähr in gleicher Höhe befindlich sind. In dem so vorgerichteten Bade, welches auf einer konstanten Temperatur von 200 bis 210° (Kontrole durch ein eingelegtes Thermometer) erhalten wird, werden zwei Reagensgläser erhitzt, welche mit einigen Kubikcentimetern der Probe angefüllt sind. In das eine Gläschen bringt man einige Schnitzel von metallischem Natrium, in das andere eine kleine Stange von Aetznatron, welche noch etwa 1 cm hoch mit Oel bedeckt bleibt. Nach 15 Minuten nimmt man die Proben aus dem Bade, wischt die Gläser ab und lässt abkühlen. Sind auch nur 2 Procent fettes Oel vorhanden, so erstarrt der Inhalt in dem einen oder anderen Gläschen, meist aber in beiden zu einer mehr oder minder zähen Gallerte.

Ist auf diese Weise die Gegenwart von fettem Oel nachgewiesen, so muss zur näheren Untersuchung eine Trennung von den unverseifbaren Bestandtheilen vorgenommen werden.

Um gleichzeitig auch etwaige erhebliche Antheile freier Fettsäuren von Neutralfetten und Mineralölen zu trennen, unterwirft man zunächst das Gemisch derselben Behandlung mit kohlensaurem Natron wie sie unter β Seite 71 beschrieben wurde. Den Petrolätherauszug der Bimssteinpaste, welcher Neutralfette und unverseifbare Körper enthält, destillirt man zur Gewinnung derselben ab und trennt den Rückstand durch Verseifung. Letztere kann man nach den Seite 63 gemachten Angaben vornehmen und die Seifenlösung dann nach der Entfernung des Alkohols, mit Aether extrahiren, wodurch die unverseifbaren Antheile gelöst und isolirt werden, oder man geht in folgender Weise vor: 10—20 g des Oeles werden in einer Porzellanschale mit 50—100 ccm alkoholischer Natronlauge, welche 80 g Aetznatron im Liter enthält, bis zum Festwerden auf dem Wasserbade eingedampft und der Rückstand mit 100—200 ccm heissem Wasser versetzt, um die Seife zu lösen. Das Ganze giesst man nach dem Erkalten in einen Scheidetrichter, spült mit etwas Wasser nach und schüttelt mit 60 -100 ccm Aether tüchtig durch. An Stelle von Aether lässt sich auch Petrolaether ver-

wenden, welcher vortheilhaft keine über 85° siedende Bestandtheile aufweist. Durch Zusatz von etwas Alkohol lässt sich die
Trennung von Aetherschicht, welche die unverseifbaren Bestandtheile (Mineralöle) enthält und von wässeriger Seifenlösung bedeutend erleichtern. Sobald vollständige Scheidung eingetreten
ist, lässt man die wässerige Flüssigkeit ablaufen, macht die
Fettsäuren, welche dem Neutralfette entsprechen, durch Zusatz
verdünnter Schwefelsäure frei, reinigt sie in der üblichen Weise
und unterwirft sie einer näheren Prüfung. Den Aether- oder
Petrolaether-Auszug schüttelt man zur Befreiung von kleinen
Seifenantheilen ein- bis zweimal mit Wasser durch, trennt davon
und verdunstet den Aether. Der hinterbleibende Rückstand
besteht aus den unverseifbaren Antheilen, welche in dem Oele
enthalten waren, Mineralölen. (Nähere Untersuchung derselben
siehe Benedikt, Analyse der Fette und Wachsarten.)

δ) *Verseifbare Oele mit Harzgehalt.* Man erwärmt einen
grösseren Antheil des Oeles mit einer wässerig alkoholischen
Sodalösung, welche 1 Theil Krystallsoda in 3 Theilen Wasser,
vermischt mit 7 Theilen 30 procentigem Alkohol enthält. (7 Theile
30 procentigen Alkohol erhält man, wenn man 2 Volume Alkohol von
93 Procent und 5 Volume Wasser mischt.) Nur das Harz geht in
Lösung, während Neutralfett unverändert bleibt. Man trennt
beide Flüssigkeiten und zersetzt die alkoholisch wässerige Lösung
mit Schwefelsäure zur Abscheidung des Harzes. Sind freie Fettsäuren vorhanden gewesen, so sind diese an Natron gebunden mit
in Lösung gegangen und gleichzeitig mit dem Harze abgeschieden
worden. Eine Trennung erreicht man wenn nöthig nach 1, b
Seite 68. Das unlöslich zurückgebliebene, von Harz befreite
Oel wird wie bei a, α Seite 71 näher bestimmt.

ε) *Unverseifbare Oele mit Harzgehalt.* (Unverseifbare Rückstände aus Oelgemischen mit Harzreaktion.) Es kann sich um
ein Gemisch von Mineralöl mit Harzöl oder um Harzöl allein
handeln. Mineralöle sind meistens ausgezeichnet durch eine
charakteristische Fluorescenz, welche namentlich beim Schütteln
mit dem gleichen Volum concentrirter Schwefelsäure deutlich
zu Tage tritt, in manchen Fällen auch beim Verdünnen mit
Aether. Die Gegenwart von Harzöl erkennt man nach Storch,
wenn man 1—2 ccm des Oeles mit 1 ccm Essigsäureanhydrid

schüttelt, die Flüssigkeit sich wieder scheiden lässt, das Essigsäureanhydrid mit einer Pipette entfernt und dann einen Tropfen concentrirte Schwefelsäure hinzugiebt. Harzöl lässt sich an einer violett-rothen Färbung erkennen.

Werden 10—12 Tropfen Harzöl mit 1 Tropfen wasserfreiem Zinnchlorid gemischt, so entsteht eine schöne Purpurfärbung. (Renard.) Zu demselben Zwecke kann man auch das leichter zugängliche Zinnbromid (siehe Anhang) verwenden. Während Mineralöl bei der Elaïdinprobe unverändert bleibt, zeigt Harzöl eine dunkelrothe Farbe bei klarer Flüssigkeit. Harzöl löst sich ausserdem in jedem Verhältniss in Aceton, während Mineralöle zur Lösung das mehrfache Volum bedürfen. Bei Gemischen von Mineralöl und Harzöl wird sich daher beim Uebergiessen mit dem gleichen Volum Aceton ein Theil lösen, während je nach der Quantität des zugesetzten Mineralöles ein grösserer oder geringerer Rest ungelöst zurückbleibt. Näheres siehe Benedikt, Analyse der Fette und Wachsarten und Holde, Untersuchung der Schmiermittel.

ζ) *Neutralfette, freie Fettsäuren, Mineralöle, Harz oder Harzöle:* 20—30 g des Gemisches werden durch Behandlung mit entwässerter Soda auf dem Wasserbade wie unter β Seite 71 beschrieben von freien Fettsäuren und von Harz befreit. Die mit Bimsstein hergestellte Paste wird sodann wie früher mit möglichst alkoholfreiem Aether oder Petrolaether ausgezogen, wobei Neutralfette (fette Oele), sowie Mineralöle und Harzöle in Lösung gehen. Nach der Befreiung des Auszuges von Seifeantheilen durch Schütteln mit Wasser, destillirt man den Aether ab und trennt verseifbare und unverseifbare Antheile nach γ S. 72. Letztere unterliegen alsdann einer näheren Betrachtung nach ε (siehe vorige Seite). Die nach dem Ausziehen mit Aether zurückbleibende Bimssteinmasse, welche die Natronsalze der Fettsäuren und eventuell Harzseifen enthält, wird mit verdünntem Alkohol in der Wärme behandelt, in der vom Rückstand abfiltrirten Lösung Fettsäuren und Harze mit Schwefelsäure abgeschieden und das Gemisch nach 1 b Seite 68 näher untersucht. Werden in dem unverseifbaren Antheile Harzöle nachgewiesen, so steht die Auffindung von harzartigen Substanzen nach der Zerlegung der Natronseifen mit Schwefelsäure meist damit in Zusammenhang, indem kleinere Antheile von Harzsäuren an die Soda abgegeben werden.

b) Bei gewöhnlicher Temperatur feste oder halbfeste Fette, Wachs, Paraffin.

α) Unverseifbare Antheile sind nicht zugegen, erhebliche Mengen freier Fettsäuren fehlen: Neutralfette. Zur Erkennung bestimmt man zunächst den Schmelz- und Erstarrungspunkt des Fettes selbst, sowie das specifische Gewicht desselben, scheidet sodann die Fettsäuren in reinem Zustande nach Seite 63 ab, prüft wiederum den Schmelz- und Erstarrungspunkt und anschliessend daran die Löslichkeitsverhältnisse der freien Fettsäuren in absolutem Alkohol. (Vergl. die entsprechenden Angaben auf Seite 66.)

β) Unverseifbare Bestandtheile sind nicht zugegen, wohl aber erhebliche Mengen freier Fettsäuren: Zum Nachweise von Neutralfett neben freien Fettsäuren bedient man sich auch hier wieder der Probe nach Geitel, vergl. Seite 71, 2 *β*. Die Trennung erfolgt nöthigenfalls nach der an dieser Stelle angegebenen Methode.

γ) Unverseifbare Bestandtheile sind zugegen, Harze nicht zu berücksichtigen: Zur Trennung von Fetten unterwirft man einen grösseren Antheil der Verseifung in alkoholischer Lösung siehe Seite 63, extrahirt den unverseifbaren Rückstand nach der Verjagung des Alkohols mit Aether und prüft ihn durch Feststellung der Schmelz- und Erstarrungspunkte auf Paraffin. In der Seifenlösung scheidet man die Fettsäuren durch verdünnte Schwefelsäure ab, reinigt sie und unterwirft sie ebenfalls einer näheren Prüfung.

Da feste Fette vorwiegend aus Glyceriden der Stearinsäure und Palmitinsäure zu bestehen pflegen, welche Seifen bilden, die sich beim Abkühlen der wässerigen Lösung trüben, wodurch das Ausschütteln der unverseifbaren Antheile mit Aether oder Petrolaether erschwert wird, so verfährt man nach Allen und Thomson vortheilhaft folgendermassen:

10 g der Substanz werden in einer Abdampfschale mit 50 ccm 8 procentiger alkoholischer Natronlauge unter beständigem Umrühren bis zum beginnenden Schäumen schwach gekocht, mit 15 ccm Methylalkohol versetzt und bis zur Lösung der Seife weiter. erhitzt. Unter Umrühren fügt man nun in kleinen

Parthien 5 g Natriumcarbonat und zuletzt 50—70 g geglühten reinen Sand oder auch Bimssteinpulver hinzu, trocknet 20 Minuten im Wasserbade und extrahirt im Soxhletapparate mit Petrolaether, welcher vollständig unter 80° C. flüchtig ist. Die Neutralfette bleiben in Form von Seifen zurück und können durch Ausziehen des Rückstandes mit verdünntem Alkohol in Lösung gebracht und durch Abscheidung und Prüfung der Fettsäuren näher bestimmt werden, während die unverseifbaren Antheile in Lösung gehen und nach der Verdunstung des Aethers näher zu prüfen sind.

Ist in einem Fettgemische W a c h s enthalten, so entsteht bei der Verseifungsprobe durch Verdünnen mit Wasser ebenso eine Trübung wie bei Gegenwart unverseifbarer Antheile. Diese Ausscheidung ist zurückzuführen auf das Freiwerden des im Wasser unlöslichen Melissylalkohols, welcher verestert einen Bestandtheil des Wachses ausmacht. Derselbe geht beim Durchschütteln mit Aether ebenso wie Paraffin in Lösung. Es bedarf also einer eingehenderen Untersuchung, um festzustellen, ob der Rückstand aus dem obigen aetherischen Auszuge aus Melissylalkohol oder Paraffin allein, oder aus beiden gleichzeitig besteht. (Näheres siehe unter ε unten).

Sollte Melissylalkohol nachgewiesen sein, so sind die aus der Seife abgeschiedenen Fettsäuren des Neutralfettes vermischt mit denjenigen des Bienenwachses, ihr Verhalten bei den üblichen Prüfungsmethoden kann also nicht ohne weiteres massgebend sein für die Erkennung des zugehörigen Neutralfettes. In diesem komplizirten Falle sind ausführliche Angaben nachzuschlagen. (Vergl. B e n e d i k t.)

δ) *Verseifbare Fette, Harz:* Die Trennung erfolgt wie bei verseifbaren Oelen. Siehe δ Seite 74. Freie Fettsäuren, welche, falls in grösseren Mengen vorhanden, zu berücksichtigen sind, werden wiederum gleichzeitig mit dem Harze vom Neutralfett getrennt und sind zur näheren Untersuchung zu isoliren. Vergl. Seite 68, b.

ε) *Wachs, Paraffin:* Wachs allein erkennt man meist schon an seinem Aussehen, die Farbe ist meist gelb, seltener grünlich oder bräunlich. Bei gewöhnlicher Temperatur ist es **spröde** und zeigt feinkörnigen Bruch. Der Geruch ist **charakteristisch,** honigartig. Es zeigt beim Befühlen keine fettige, sondern mehr klebrige Beschaffenheit. Gebleichtes Bienenwachs ist weiss oder nur schwach gelblich ohne deutlichen Geruch. Charakteristisch ist ferner der Schmelz- und Erstarrungspunkt, sind die Löslichkeitsverhältnisse und das specifische Gewicht. (Vergl. Seite 59, 65 u. 67.) Kalter Alkohol löst das Wachs nicht, warmer theilweise. In warmem Aether ist das Bienenwachs leicht löslich, scheidet sich aber beim Kaltwerden zum grossen Theile wieder aus.

Paraffin allein bildet eine blättrig krystalline weisse Masse, welche nicht klebrig und vollständig geruchlos ist. In Alkohol löst es sich wenig, leicht in Aether, namentlich in der Wärme. Die einzelnen Handelssorten unterscheiden sich von einander durch ihre grössere oder geringere Härte und dementsprechend höheren oder niederen Schmelzpunkt. Näheres über letzteren vergleiche Seite 65. Manche Sorten zeigen deutlich krystalline Struktur.

Zur Trennung des Paraffines von Wachs, falls es sich um ein Gemisch handelt, verseift man zunächst nach Seite 76 γ. Vom aetherischen Auszuge, welcher Paraffin neben Melissylalkohol enthält, destillirt man den Aether ab und kocht den vollständig getrockneten Rückstand 1—2 Stunden lang am Rückflusskühler mit dem gleichen Gewichte Essigsäureanhydrid. Paraffin mischt sich nicht mit dem Essigsäureanhydrid, sondern schwimmt als ölige Schicht oben auf, während Melissylalkohol verestert wird, in Lösung geht und durch Filtration vom Paraffin getrennt, in Wasser sich ausscheidet. Paraffin wird nach mehrmaligem Auskochen mit Wasser getrocknet und auf seinen Schmelzpunkt geprüft. Unverseifbare Rückstände, welche aus Fettgemischen isolirt wurden, müssen, wenn die Möglichkeit eines Gemisches von Paraffin mit Melissylalkohol vorliegt, auf gleiche Weise mit Essigsäureanhydrid behandelt werden.

ζ) *Neutralfette, Fettsäuren, unverseifbare Bestandtheile, Harz*: Die Trennung erfolgt nach ζ Seite 75, sind Fettsäuren in erheblicher Menge nicht zu berücksichtigen, so kann man auch wie folgt verfahren. 20—30 g des Gemisches werden am Rückflusskühler mit alkoholischer Kalilauge verseift, der Alkohol verjagt, mit Wasser verdünnt und der unverseifbare Antheil im Scheidetrichter ausgeschüttelt. Die Verseifung und Trennung kann auch nach Seite 76 γ nach Allen und Thomson ausgeführt werden. Die Seifenlösung wird nach der Trennung vom Petrolaether wie früher mit verdünnter Schwefelsäure zersetzt, das Gemisch von Fettsäuren und Harzsäuren isolirt und beide nach einer der Methoden von 1 b Seite 68 getrennt und näher geprüft.

c) Harze.

Colophonium. Besteht aus gelben durchsichtigen, oft braunroth durchscheinenden spröden Massen, vom durchschnittlichen specifischen Gewichte 1,100. Der Schmelzpunkt zeigt oft grosse Verschiedenheit und schwankt etwa zwischen 90 bis 100°. Die obere Grenze liegt bei 135°. Mit Wasserdämpfen ist es destillirbar. Beim Erwärmen verbreitet es einen angenehm harzigen Geruch und verbrennt an der Luft mit russender Flamme. Es löst sich in absolutem Weingeist, Aceton, Chloroform, Schwefelkohlenstoff. Die so erhaltenen Lösungen fluoresciren etwas. Das Colophonium ist bei der Behandlung mit wässerigen oder alkoholischen Alkalihydroxyden oder Alkalicarbonaten verseifbar. (Harzseifen.)

Fichtenharz. Besitzt eine trübe Beschaffenheit, blassgelbe bis braune Farbe, körniges unter Umständen mehliges Aussehen, ist weich bis hart bei gewöhnlicher Temperatur. Das Harz schmilzt leicht bei Wasserbadtemperatur. In Weingeist ist es völlig löslich, in Aether, Chloroform, Terpentinöl wegen seines Wassergehaltes mehr oder weniger trübe löslich. Mit Aetzalkalien verseifbar.

Schellack. Ist hellgelb bis dunkelbraun, undurchsichtig, spröde, in der Wärme erst weich, dann flüssig werdend und einen eigenthümlichen Geruch verbreitend. Heisser Weingeist löst ihn ganz, kalter Weingeist ca. 90 Procent davon, eine wachsartige Substanz zurücklassend. Aether nimmt etwa 10 Procent auf. Beim Behandeln mit Aetzalkalien, Kaliumcarbonat oder Borax und Wasser in der Wärme, tritt Lösung ein. In Ammoniakflüssigkeit quillt Schellack langsam auf und geht dann theilweise in Lösung über. Aus seiner Lösung in Alkalien wird er durch Säuren gefällt.

Die qualitative Untersuchung der Appretur der Gewebe.

Der in den vorausgegangenen Abschnitten dargelegte Untersuchungsgang ist der Bestimmung der Appreturmittel auf der Faser im wesentlichen zu Grunde zu legen. Die Ausführung einer Appreturanalyse erleidet nur insofern kleine Abänderungen, als ihr zur Durchführung der nothwendigen Reaktionen und der häufig damit verbundenen Trennung mehrerer Körper von einander, meistens eine Ablösung der auf dem Strang oder Gewebe fixirten Appreturmittel vorausgehen muss. Oft tritt der Fall ein, dass zu solchen Bestimmungen nur geringfügige Quantitäten des Untersuchungsobjektes, kleine Stoffmuster, zu Gebote stehen und alsdann hat die analytische Prüfung besonders in solchen Fällen, bei welchen es sich um den Nachweis von Körpern handelt, für welche exakte chemische Reaktionen bis jetzt nicht bekannt sind, oft mit nicht geringen Schwierigkeiten zu kämpfen. Dies trifft z. B. zu für die Auffindung von Pflanzenschleimen verschiedener Abstammung, Traganthschleim in Mischung mit diesen oder anderen Körpern. In zweifelhaften Fällen bedarf die chemische Prüfung der Unterstützung durch Ausführung technischer Appreturversuche.

Die Prüfung eines Gewebes auf die zu seiner Appretur verwendeten Mittel kann, indem man die Natur der vorliegenden Probe, ob aus Baumwolle, Wolle, Seide oder aus Gemischen derselben bestehend, berücksichtigt und daraus allgemeine Schlüsse zieht, unter dem Gesichtspunkte folgender Erwägungen und gewissermassen Vorprüfungen, begonnen werden:

Das Aeussere des Gewebes giebt oftmals schon Anhaltspunkte über die Art der Appretur. Ob stark oder wenig appretirt ist, lässt sich vielfach aus der grösseren oder geringeren Steifheit beurtheilen. Fühlt sich das Stück fettig an, so werden Fettkörper Wachs, Paraffin etc. oder auch Verseifungsprodukte vorliegen. Zeigt das Muster beim Anfassen eine gewisse feuchte Beschaffenheit, so kann Glycerin in der Appretur enthalten sein, oder es können wasseranziehende Salze wie Chlorcalcium, Chlormagnesium Verwendung gefunden haben. Ist das Stück andererseits sehr trocken, so werden die letztgenannten Körper fehlen. Stäubt das Gewebe deutlich beim heftigen Zerreissen, so handelt es sich meist um Stärke oder Mehlappreturen.

Pech, Theer, Petroleum, welche nur bei ganz bestimmten groben, wasserdichten Geweben in Betracht kommen, lassen sich meist durch den Geruch und am allgemeinen Habitus der Ware erkennen. Ebenso wird sich die als antiseptisches Mittel zur Verhütung von Schimmel und Mikrobenansiedelung der Appreturmasse manchmal zugefügte Karbolsäure, leicht durch den Geruch wahrnehmen lassen.

Die Ablösung der Appretur von den Geweben.

Dieselbe geschieht soweit es sich um die Entfernung von Fetten, Wachs, Paraffinen, Harzen von der Faser handelt, durch Ausziehen des Stückes mit Aether oder Petrolaether.

Harzseifen werden am besten durch Behandlung einer Probe mit 30 bis 40 procentigem Alkohol in der Wärme entfernt.

Das mit Aether oder Petrolaether ausgezogene Gewebe wird alsdann mit destillirtem Wasser abgekocht, um die übrigen Bestandtheile, soweit sie sich in Wasser lösen, zu entfernen. Die vorausgegangene Extraktion mit Aether erleichtert durch die Beseitigung der Fette das Inlösunggehen der übrigen Appreturbestandtheile. Da ausser den in Aether, Petrolaether einerseits und Wasser anderseits löslichen Körpern auch solche Appreturmittel zur Verwendung kommen, welche in den genannten Flüssigkeiten unlöslich sind, aber beim Abkochen mechanisch von der Faser heruntergezogen werden, so ist darauf zu achten, ob in den erhaltenen Lösungen nach der Entfernung und Abspülung des

Gewebestückchens deutliche Trübungen vorliegen, welche sich nach einiger Zeit als Bodensatz abscheiden. Abzusehen ist natürlich von Fäserchen und Flöckchen, welche fast stets beim Kochen mit Wasser abgelöst werden.

1. Der Auszug mit Aether oder Petroläther.

Man bringt eine Stück- oder Strangprobe — von Geweben genügt durchschnittlich ein Stück etwa von der Grösse eines Quadratdecimeters, obwohl sich über diesen Punkt aus naheliegenden Gründen nichts Bestimmtes angeben lässt — in ein trockenes Kölbchen, übergiesst mit Aether oder Petrolaether, so dass der Lappen ein bis zwei Centimeter hoch davon bedeckt ist und erhitzt etwa eine halbe bis eine Stunde lang am Rückflusskühler auf dem Wasserbade. Die Extraktion kann zweckmässig auch im Soxhlet'schen Extraktionsapparate (siehe Anhang) vorgenommen werden. Fette und Oele, Wachs, Paraffine, Fichtenharz, Colophonium, gehen in Lösung. Nachdem das Zeugstück entfernt ist, giesst man den Aether durch ein trockenes glattes Filterchen, wodurch in der Lösung etwa suspendirte feste Bestandtheile gesammelt werden. Zweckmässig ist es, die aetherische Lösung alsdann auf dem Scheidetrichter mit Wasser durchzuschütteln, um etwaige kleine Antheile von Seife, die mit in Lösung geführt sein können, zu entfernen. Man trennt vom Wasser, filtrirt abermals durch ein trockenes Filter und verdunstet schliesslich das Lösungsmittel in einem kleinen Porzellanschälchen oder einem kleinen Becherglase auf dem Wasserbade. Zur Beurtheilung, ob der hier etwa bleibende Rückstand Fett oder fettartige Körper enthält, dient sein Aussehen im allgemeinen, seine Unlöslichkeit in Wasser und sein Vermögen auf Papier, namentlich auf Seidenpapier, einen dauernden Fettfleck zu erzeugen. Auch die Verflüssigung beim Erwärmen fester Rückstände und das Erstarren von Flüssigkeiten beim Abkühlen kann mit als Charakteristik angesehen werden. Harzartige Körper lassen sich oft durch den Geruch beim Erwärmen, durch ihre Sprödigkeit in der Kälte und ihre Schwerschmelzbarkeit im Verhältnis zu Fetten erkennen. Ein derartiger Rückstand ist, soweit es seine Quantität zulässt, mit Hilfe der allgemeinen Vorprüfungen und nach Abschnitt II Gruppe III näher zu untersuchen. Man wird sich, falls nicht genügend Material zur Vermehrung einer vorliegenden geringfügigen Menge zu beschaffen ist, auf die nothwendigsten und allgemeinsten Prüfungen beschränken müssen, um die Natur des Rückstandes soweit als möglich festzustellen. Man beobachtet, ob ein öliger Körper beim Abkühlen leicht oder schwer zum Erstarren zu bringen ist, um aus den Angaben über Erstarrungspunkte der Oele Schlüsse ziehen zu können. Bei festen Fetten wird man, soweit es angeht, den Schmelzpunkt festzustellen suchen, oder wenigstens sich überzeugen, ob das Schmelzen schon bei gelindem Erwärmen oder erst bei mehr Wärmezufuhr eintritt, ob der Körper beim Abkühlen auf Zimmertemperatur salbenartig oder hart und spröde ist. Harte Konsistenz bei gewöhnlicher Temperatur, ein verhältnissmässig hoher Schmelzpunkt, deuten auf Stearin oder Paraffin eventuell auf Wachs hin, mehr salbenartige Konsistenz mit tieferem Schmelzpunkte, lassen Fette mit grösserem Oleïngehalte vermuthen.

Auch hier wird man an der Hand von Tabellen über die Schmelz- und Erstarrungspunkte der Fette sich annähernd Aufschluss über die Zugehörigkeit eines Fettes oder verwandten Körpers verschaffen können, wenigstens solange es sich nicht um komplizirtere Gemische handelt, was seltener der Fall ist. Die Prüfung auf Verseifbarkeit oder Unverseifbarkeit ist nach den unter den Vorprüfungen gemachten Angaben (siehe Seite 35 und 36) vorzunehmen. Kleine Mengen von Wachs lassen sich vielfach an dem charakteristischen Geruche besonders beim Erwärmen, der gelben Färbung und der Klebrigkeit erkennen.

2. Der Auszug durch Abkochen mit destillirtem Wasser.

Das durch Behandlung mit Aether oder Petroläther von Fetten, Harzen, Paraffinen etc. befreite Gewebestück oder die Probe, welche diese Körper nicht enthielt, bringt man in ein Porzellanschälchen und kocht unter zeitweiligem Ersatz des verdampfenden Wassers längere Zeit, bis angenommen werden kann, dass alles Lösliche der Appretur heruntergezogen ist. Der Lappen wird aus der Schale gebracht, mit destillirtem Wasser abgespült und solange aufbewahrt bis die Analyse zu Ende geführt ist. Zeigt sich in der wässerigen Abkochung eine einigermassen beträchtliche, deutlich wahrnehmbare Abscheidung, abgesehen von kleinen Fasern, so ist diese durch Filtration oder durch Absitzenlassen von der Flüssigkeit zu trennen und für sich besonders zu prüfen. Wässerige Auszüge, welche schwache Trübungen aufweisen, die auch nach längerem Stehen andauern, Verhältnisse wie sie viel Stärke, Gummi, Traganth oder Pflanzenschleime enthaltenden Lösungen eigenthümlich sind, werden am besten nicht filtrirt, sondern direkt wie sie sind zur Analyse herangezogen, da solche etwas schleimige Flüssigkeiten sehr langsam filtriren und vielfach sogar eine Aenderung in der Zusammensetzung der Lösung erfolgt durch Zurückbleiben wesentlicher Traganth- oder Pflanzenschleimantheile, welche das Filter in dem ihnen eigenthümlichen gequollenen Zustande nicht passiren. Auch in solchen Fällen, wo durch das Abkochen gefärbter Ware Theile des Farbstoffes mit in Lösung gegangen sind, empfiehlt es sich zur Prüfung auf die obengenannten Körper einen wesentlichen Antheil der Abkochung direkt zur Analyse zu verwenden, ohne die gefärbte Flüssigkeit vorher zu entfärben. Die Befreiung der Lösung von Farbstoffen ist jedoch in solchen Fällen geboten, wo Reaktionen, welche auf dem Eintreten einer charakteristischen Färbung beruhen, durch die schon gefärbte Lösung verdeckt werden könnten. Solche kommen für Gummi, Traganth und Pflanzenschleime nicht in Anwendung.

Die Entfärbung gelingt meist in genügender Weise durch Aufkochen des wässerigen Auszuges mit etwas Thierkohle, worauf man filtrirt, die Kohle ein bis zweimal mit heissem Wasser tüchtig nachwäscht, oder besser noch, mit Wasser einmal aufkocht und die vereinigten Filtrate auf ein kleines Volum einengt. Einen kleinen Theil der wässerigen Abkochung verwendet man zur Ausführung der in Abschnitt II angeführten Vorprüfungen wässeriger Lösungen. Einen weiteren noch kleineren Antheil dampft man auf dem Deckel eines Platintiegels vorsichtig zur Trockne, glüht kurze Zeit in der nicht leuchtenden Flamme des Bunsenbrenners und beobachtet, ob neben vorübergehender Verkohlung organischer Substanzen Aschenbestandtheile hinterbleiben. Etwa vorhandene Ammonsalze würden sich hierbei in Form weisser Nebel verflüchtigen. Liefert diese Vorprüfung das Ergebniss, dass sowohl organische als auch anorganische Verbindungen zugegen sind, so theilt man die Lösung in zwei Theile und benutzt den einen zum Nachweis der organischen Körper, den anderen dampft man in einer kleinen Porzellan- oder Platinschale zur Trockne ein, glüht den Rückstand zur Zerstörung der organischen Substanz und prüft ihn nach dem Gange der qualitativen anorganischen Analyse. (Abschnitt I). Steht genügend Untersuchungsmaterial zur Verfügung, so verwendet man für die eine oder die andere Prüfung zweckmässig den wässerigen Auszug einer weiteren Probe. In einem solchen würde man beispielsweise den Nachweis von Ammonsalzen durch Erwärmen mit Natronlauge zu führen suchen.

Liegen keine organischen, sondern nur anorganische Substanzen vor, so kann die Analyse derselben sofort ohne Eindampfen zur Trockne etc. in der Lösung vorgenommen werden. (Siehe übrigens Abschnitt I Seite 3). Anorganische Bestandtheile der Appreturmasse können übrigens auch durch direktes Veraschen einer Stoffprobe und Analyse des Rückstandes aufgefunden und bestimmt werden, wobei es sachkundiger Einsicht überlassen bleiben muss, wie weit das Ergebniss der Untersuchung auf die Appretur oder auf einen etwaigen von dieser unabhängigen Beiz und Färbeprocess der Ware zurückzuführen ist.

3. Der in der ätherischen oder wässerigen Lösung suspendirte unlösliche Rückstand.

Derselbe kann enthalten von anorganischen Verbindungen: Calciumsulfat, Baryumsulfat, Bleioxyd, Magnesiumsilicat (Talk), Thonerdesilicat (China Clay), Baryumcarbonat (Witherit), Ultramarin.

Von organischen Bestandtheilen: Eiweisskörper, Zelltrümmer, d. h. Theilchen von Samengeweben, Restchen von Spreublättchen, falls nicht reine Stärke, sondern stärkehaltige Mehle zur Appretur Verwendung fanden. Stärke.

Den beim Ausziehen mit Aether mechanisch abgelösten Antheil, welcher auf einem Filterchen gesammelt wurde, behandelt man mit heissem Wasser. Löst er sich darin auf, so vereinigt man die erhaltene Lösung mit dem wässerigen Auszuge des Gewebes und untersucht beide gemeinsam. Findet jedoch beim Uebergiessen mit heissem Wasser keine Lösung statt, oder bleibt ein

Theil ungelöst, so ist dieser ebenso wie eine im wässerigen Auszuge etwa erfolgte Abscheidung besonders zu untersuchen. Zu diesem Zwecke unterwirft man zunächst eine kleine Probe auf dem Objektträger in einem Tröpfchen Wasser, mit Deckgläschen bedeckt der mikroskopischen Betrachtung bei etwa 200 bis 250 facher Vergrösserung. Neben kleinen Fäserchen, welche mechanisch vom Gewebe getrennt wurden, erkennt man alsdann gegebenen Falles leicht etwaige Reste von Spreublättchen etc. von Mehlsorten der Hülsenfrüchte herrührend (vergl. Seite 39), daneben meist verquollene Stärkekörnchen und ausserdem in überwiegender Menge oft strukturlose Gebilde, welche aus unorganischen Körpern, den obengenannten in Wasser unlöslichen Verbindungen, unter Umständen auch aus Antheilen von Eiweisskörpern bestehen können. Die Ablösung von Eiweisskörpern von der Faser beim Kochen mit Wasser oder Ausziehen mit Aether ist meist eine sehr unvollständige, immerhin sind Antheile derselben im Bodensatze der Auszüge möglich. Zur Prüfung darauf eignet sich die Biuretreaktion, ferner die Reaktion nach Adamkiewicz und diejenige mit Millons Reagens. — Ob anorganische Körper in einem in Wasser unlöslichen Bodensatze zugegen sind, erkennt man mit Sicherheit wieder an der Feuerbeständigkeit des Rückstandes beim Glühen. Nach der Zerstörung etwaiger organischer Substanzen wird die Asche, je nachdem sie in Säuren löslich oder unlöslich ist, nach den Regeln der anorganischen Analyse Abschnitt I näher untersucht.

Ultramarin, welches zu Appreturzwecken ab und zu Verwendung findet, wird beim Abkochen eines Lappens mit Wasser zum grossen Theile abgezogen und setzt sich dann in der Regel in Form eines blauen Mehles zu Boden. Zur Erkennung bringt man die blaue Abscheidung oder einen Theil der Flüssigkeit mit Niederschlag in ein kleines Becherglas, übergiesst mit verdünnter Salzsäure und bedeckt sofort mit einem Uhrgläschen, an dessen der Flüssigkeit zugekehrten Fläche man einige Streifchen Filtrirpapier angelegt hat, welche mit alkalischer Bleioxydlösung getränkt sind. Das schwefelhaltige Ultramarin entwickelt beim Uebergiessen mit verdünnter Salzsäure Schwefelwasserstoff, welcher das Bleipapier nach einiger Zeit schwärzt.

Zum Nachweis von Eiweisskörpern, welche durch die

Appretur auf Gewebe etc. übertragen wurden, kann die Faser selbst herangezogen werden, falls es nicht gelungen ist bei der Abkochung durch mechanische Ablösung in Wasser unlösliche Appreturantheile von der Faser zu entfernen, welche mit Hilfe der entsprechenden Reaktionen (Biuretprüfung, Reaktion nach Adamkiewicz, Reaktion mit Millons Reagens) die Gegenwart von Eiweisskörpern genügend dargethan haben.

Zur Ausführung einer Eiweissprüfung auf der Faser eignet sich bei pflanzlichen Fasern die Biuretreaktion, weniger bei thierischen Fasern wie z. B. bei Seide, weil diese selbst Biuretfärbung erzeugen können. Bei thierischen und auch bei pflanzlichen Fasern führt meist die Reaktion noch Adamkiewicz zum Ziele, eine deutlich violettrothe Färbung erhält man nur bei Gegenwart von Eiweisskörpern. Ein Stückchen Gewebe oder Faser bringt man in ein Reagensgläschen und setzt das Reagens hinzu. Bei Vornahme der Biuretreaktion wird zunächst mit etwas Wasser übergossen, dann mit Natronlauge alkalisch gemacht und mit wenig Fehling'scher Lösung versetzt. Ungefärbte Gewebe färben sich bei Gegenwart von Eiweiss dann meist nach einigem Stehen violett. Die sichere Erkennung des Eiweisses auf der Faser wird erschwert, sobald gleichzeitig Farbstoffe vorhanden sind, welche die charakteristischen Färbungen der Eiweissreaktionen verdecken würden.

Anhang.

Reagentien, welche zur Auffindung der Appreturmittel Verwendung finden.

1. Die Reagentien der anorganischen Analyse.

Absoluter Alkohol (starker Alkohol). In ·einer Kochflasche übergiesst man 1 Theil entwässertes Chlorcalcium mit 2 Theilen Alkohol von etwa 96 Volumprocent (spec. Gew. ca. 0,8118), lässt ein bis zwei Tage zugedeckt stehen und destillirt auf dem Wasserbade ab. Das Destillat wird solange aufgefangen als das specifische Gewicht noch weniger als 0,8037 beträgt, entsprechend einem Alkoholgehalt von 98 Volumprocent. Das bei weiterem Destilliren Uebergehende wird besonders aufgefangen. Alkohol vom specifischen Gewichte 0,8332 bis 0,8118 entsprechend 90 bis 96 Volumprocent. — Aether vom specifischen Gewicht 0,720 bis 0,725. Ammoniaklösung vom specifischen Gewicht ca. 0,96, 10 procentige wässerige Lösung. Ammoniumcarbonatlösung. 10 Theile des käuflichen reinen Präparates werden in 40 Theilen Wasser gelöst und 10 Theile Ammoniaklösung hinzugesetzt. Ammoniummolybdatlösung. 150 g molybdänsaures Ammon werden unter Erwärmen in einem Liter Wasser gelöst und die Lösung in ein Liter Salpetersäure von 1,20 specifischem Gewicht eingegossen. Man lässt die Lösung in gelinder Wärme einige Tage stehen, damit sich eventuell vorhandene Phosphorsäure als Molybdänverbindung abscheiden kann. Die klare, von etwaigem Niederschlage abfiltrirte Lösung ist als Reagens zu benutzen. Ein bei langem Stehen sich abscheidender gelber Niederschlag ist eine Modifikation der Molybdänsäure.

Barytwasser. Eine etwa 5 procentige Lösung des krystallinischen Barythydrates in Wasser. Nach der Filtration ist gut verstopft aufzubewahren. Essigsäure vom specifischen Gewicht 1,040 mit einem Gehalte von etwa 29 Procent.

Pyroantimonsaures Kalium. Zur Bereitung trägt man etwa 10 g einer Mischung aus gleichen Theilen Brechweinstein und Salpeter in einen glühenden Tiegel ein. Nach der Verbrennung der organischen Substanz wird ungefähr noch eine Viertelstunde lang in mässigem Glühen erhalten, bis ein ruhiges Schmelzen eintritt. Man lässt alsdann erkalten, bringt in ein Becherglas, übergiesst mit destillirtem Wasser und erwärmt. Ist alles aus dem Tiegel herausgeweicht, so entfernt man diesen und giesst die Flüssigkeit von dem weissen Bodensatze ab. Dieser wird mit kaltem Wasser einige Male dekantirt, mit 200 bis 300 ccm Wasser gekocht und die Lösung abfiltrirt. Sie ist gut verstopft zu bewahren. Quecksilberchlorid. Eine etwa 5 procentige wässerige Lösung. Salzsäure concentrirt vom specifischen Gewicht 1,19, Gehalt an Chlorwasserstoff ca. 38 Procent. Salzsäure verdünnt, vom specifischen Gewicht 1,06. Gehalt an Chlorwasserstoff ca. 12 Procent. Salpetersäure concentrirt vom specifischen Gewicht 1,40, Gehalt an Salpetersäure ca. 65 Procent. Verdünnte Salpetersäure vom specifischen Gewicht 1,120, Gehalt an Salpetersäure ca. 20 Procent. Schwefelsäure concentrirt vom specifischen Gewicht 1,836 bis 1,840, Gehalt an Schwefelsäure ca. 94 bis 96 Procent. Schwefelsäure verdünnt vom specifischen Gewicht 1,180, Gehalt an Schwefelsäure ca. 25 Procent. Schweflige Säure, wässerige Lösung.

Schwefelwasserstoffwasser. Wird bereitet durch Einleiten von mit Wasser gewaschenem Schwefelwasserstoffgas in ausgekochtes destillirtes Wasser bis dasselbe vollständig mit dem Gase gesättigt ist. Um den Endpunkt zu erkennen, verschliesst man die Flasche mit dem Ballen der Hand und schüttelt um. Wird hierbei die die Oeffnung abschliessende Stelle der Hand nach innen gezogen, so muss das Einleiten noch so lange fortgesetzt werden, bis diese Erscheinung nach dem Umschütteln nicht mehr eintritt. Das Präparat ist wohlverstopft aufzubewahren. **Schwefelwasserstoffgas.** Man stellt es dar aus Schwefeleisen und verdünnter Schwefelsäure oder Salzsäure. In eine mit bis zum Boden reichender Trichterröhre und mit Gasableitungsrohr versehene Flasche bringt man zu diesem Zwecke in kleine Stücke zerschlagenes Schwefeleisen, übergiesst mit der Säure und leitet das Gas durch eine vorgelegte, mit etwas Wasser angefüllte Waschflasche. Letztere wird mit einem gebogenen Glasrohre versehen, welches in die Lösung führt, die mit dem Gase gesättigt werden soll. Bei häufigem Gebrauch von Schwefelwasserstoffgas eignet sich besonders als Entwickelungs- und Aufbewahrungsgefäss der Apparat von Kipp. **Schwefelammonium.** Schwefelwasserstoffgas wird solange in wässerige Ammoniaklösung eingeleitet, bis nichts mehr absorbirt wird, wobei man sich, um den Sättigungspunkt zu bestimmen, derselben Methode bedienen kann, wie sie bei der Bereitung des Schwefelwasserstoffwassers Erwähnung fand. Drei Theile dieser Lösung werden dann mit 2 Theilen wässeriger Ammoniakflüssigkeit gemischt. Das Reagens ist wohl verstopft zu bewahren. Das sogenannte **gelbe Schwefelammonium** entsteht durch Eintragen von kleinen Mengen gepulvertem Schwefel in diese Flüssigkeit und Umschütteln bis zur Lösung. Die anfangs fast farblose oder schwach gelbliche Flüssigkeit färbt sich dadurch tief gelb. **Schwefelnatriumlösung.** In eine ca. 10 procentige chemisch reine Aetznatronlösung leitet man Schwefelwasserstoff bis zur Sättigung, trennt von einem etwaigen schwärzlichen Niederschlag durch Absitzenlassen und löst in der Flüssigkeit etwas gepulverten Schwefel bis die Farbe hellgelblich geworden ist. Das Reagens ist gut verstopft aufzubewahren.

Folgende Körper sind als annähernd 10 procentige wässerige Lösungen vorräthig zu halten.

Ammoniumchlorid, Ammoniumoxalat, Ammoniumsulfat, Baryumchlorid, Bleiacetat, Calciumchlorid, Eisenchlorid, Ferrocyankalium, Kaliumchromat, Natriumoxydhydrat (Natronlauge, Aetznatron), **Natriumphosphat, Platinchlorid, Silbernitrat.**

Als feste Substanzen finden Anwendung:

Baryumcarbonat als Pulver, Kaliumbichromat in Form grösserer Krystalle. Natriumcarbonat entwässert, als Pulver. Natriumkaliumcarbonat erhalten durch Mischen von 13 Theilen reinem trockenem Kaliumcarbonat mit 10 Theilen wasserfreiem kohlensaurem Natrium. Granulirtes Zink.

Reagenspapiere.

Blaues Lakmuspapier. Käuflicher Lakmusfarbstoff wird zerrieben mit Wasser übergossen (1 Theil Farbstoff und 6 Theile Wasser), in einer Schale gekocht, filtrirt und die Lösung in zwei Theile getheilt. In der einen Hälfte sättigt man das freie Alkali mit verdünnter Schwefelsäure durch vorsichtigen tropfenweisen Zusatz derselben unter Umrühren, bis die Lösung eben roth erscheint. Die zweite Hälfte giesst man nun zur ersten zurück, worauf Blaufärbung eintritt. Mit dieser Lösung durchtränkt man Streifen von ungeleimtem Papier (Filtrirpapier) und lässt sie an einem vor Säuredämpfen geschützten Ort trocknen.

Rothes Lakmuspapier wird in derselben Weise gewonnen, indem man das Papier durch eine mit Schwefelsäure deutlich roth gefärbte Lakmusfarbstofflösung hindurchzieht und trocknet.

Curcumapapier. Gepulverte Curcumawurzel wird mit kaltem Wasser angeschüttelt, einen Tag stehen gelassen, dann abfiltrirt oder auf einem Tuche von der Flüssigkeit getrennt, abgepresst, vorsichtig getrocknet und mit 6 Theilen Alkohol in der Wärme ausgezogen. Mit der so erhaltenen gelben Farbstofflösung tränkt man ungeleimtes Papier und trocknet dasselbe.

Die Reagenspapiere werden in schmale Streifen geschnitten verwendet.

2. Die Reagentien der organischen Analyse.

Alkohol wasserfrei. Den nach der oben beschriebenen Methode dargestellten absoluten Alkohol unterwirft man einer nochmaligen Entwässerung durch Behandlung mit Aetzkalk, welchem etwa ¹/₄ seines Gewichtes Aetzbaryt zugesetzt ist. Aetzbaryt erhält man durch Zersetzung des salpetersauren Baryums bei allmählig gesteigerter Hitze in einem Tiegel. Der Alkohol wird auf dem Wasserbade am Rückflusskühler mit dem Gemische von Aetzkalk und Aetzbaryt, so dass letzteres den Spiegel der Flüssigkeit überragt, etwa eine Stunde lang zum Sieden erhitzt. Alsdann kehrt man den Kühler um und destillirt den entwässerten Alkohol ab, wobei die zuerst und zuletzt übergehenden Antheile getrennt aufzufangen sind. Das mittlere Destillat ist zu verwenden. Dass der Punkt der völligen Entwässerung des Alkohols erreicht ist, erkennt man an einer eintretenden Gelbfärbung der in dem Entwässerungskolben über dem Kalk-Barytgemisch stehenden Flüssigkeit.

Alkohol 90—96 volumprocentig. (Siehe unter Reagentien der anorganischen Analyse.) Alkohol von 80 Volumprocent, spec. Gew. 0,8631 und von 70 Volumprocent, spec. Gew. 0,8892. Aether wasser- und alkoholfrei. Man erhält denselben durch Durchschütteln des käuflichen Aethers auf dem Scheidetrichter mit destillirtem Wasser, wodurch ihm der Alkohol entzogen wird. Vom Wasser trennt man, lässt den Aether über entwässertem Chlorcalcium ein bis zwei Tage zugestopft stehen, giesst davon ab, erhitzt kurze Zeit mit etwas metallischem Natrium am Rückflusskühler und destillirt ab. Gut verschlossen, am besten unter Chlorcalciumverschluss aufzubewahren. Käuflicher Aether. (Siehe Reag. für die anorg. Analyse.) Ammoniumchlorid als 10 procentige wässerige Lösung. Benzin. Sp. 80—110°, spec. Gew. 0,70. Bimssteinpulver, trocken, mittelfein. Basisch essigsaures Bleioxyd (Bleiessig). Zu seiner Herstellung werden 3 Theile essigsaures Blei und 1 Theil möglichst kohlensäurefreie Bleiglätte gut gemischt und in einer Abdampfschale auf dem Wasserbade mit ¹/₂ Theil Wasser so lange unter öfterem Umrühren erwärmt, bis die Farbe in weiss oder röthlich-weiss übergegangen und eine gleichmässige Masse entstanden ist. Nun giebt man etwa 10 Theile Wasser hinzu, spült in ein Gefäss, stopft zu, lässt absitzen und filtrirt. Barytwasser, siehe unter Reag. der anorgan. Analyse. Eisessig vom spec. Gew. 1,0562, Essigsäure vom spec. Gew. ca. 1,0615, etwa 50 procentig. Fuchsinlösung in Wasser

0,5 : 500. Fehling'sche Lösung. Rund 35 g krystallisirtes schwefelsaures Kupferoxyd löst man in 200—300 ccm Wasser und mischt dazu eine Lösung von 173 g krystallisirtem weinsaurem Kalinatron (Seignettesalz) in 480 ccm Natronlauge vom spec. Gew. 1,14 ca. 14 Procent Aetznatron enthaltend. Das Ganze wird auf ein Liter aufgefüllt und ist gut zugestopft im Dunkeln aufzubewahren. Essigsäureanhydrid.

Ferrocyankalium als 10 procentige wässerige Lösung. Jodlösung. 0,1 g Jod und 1,5 g Jodkalium werden in etwa 5 ccm Wasser unter Umschütteln gelöst und dann auf 100 ccm mit Wasser aufgefüllt. Kalialaunlösung. 10 procentige, wässerige Lösung. Kupferacetatlösung mit Essigsäure. 1 Theil normales essigsaures Kupferoxyd wird in 15 Theilen Wasser gelöst und auf 100 Theile dieser Lösung 2 Theile 50 procentige Essigsäure hinzugefügt. Methylalkohol. Millons Reagens. 1 Theil Quecksilber wird mit ebensoviel Salpetersäure vom spec. Gew. 1,4 versetzt und wenn die Einwirkung der letzteren nachlässt schwach erwärmt, bis das Quecksilber gelöst ist. Darauf fügt man ein doppelt so grosses Volumen Wasser hinzu als die Lösung ausmacht und nachdem man die Mischung 24 Stunden bei gewöhnlicher Temperatur hat stehen lassen, giesst man die Flüssigkeit von etwas auskrystallisirtem Quecksilbersalze ab. Auf diese Weise hergestellt, enthält die Lösung ausser salpetriger Säure sowohl Quecksilberoxydul als auch Quecksilberoxyd. Statt das Reagens auf diese Weise zu bereiten, kann man auch eine Lösung von reinem salpetersaurem Quecksilberoxyd, die keine freie Säure enthalten soll, und einen oder zwei Tropfen einer mit Wasser stark verdünnten und deutlich gefärbten rauchenden Salpetersäure (1 Tropfen braunrothe Säure auf 5 ccm Wasser) anwenden. Natronlauge, 10 procentige wässerige Lösung. Natronlauge alkoholisch 1 : 10. Zur Herstellung löst man das feste Aetznatron in einigen ccm Wasser und füllt dann mit Alkohol auf. Natronlauge alkoholisch 80 : 1000. Natriumcarbonatlösung 10 procentig in Wasser. Natriumcarbonatlösung wässerig alkoholisch. 1 Theil krystallisirte Soda wird in 3 Theilen Wasser gelöst und mit 7 Theilen 30 procentigem Alkohol vermischt. Petrolaether. Derjenige Theil des Handelsproduktes, welcher bei der Destillation von 60—70° übergeht.

Salzsäure verdünnt, Schwefelsäure verdünnt, Salpetersäure verdünnt. (Siehe unter Reagentien für die
anorganische Analyse.) Schwefelsäure vom spec. Gew. 1,5.

Tanninlösung. 5—10 procentige wässerige Lösung. Zinnbromid. Man schüttelt Brom, um es wasserfrei zu machen
in einem kleinen Scheidetrichter mit concentrirter Schwefelsäure
und lässt es sodann auf geraspeltes Zinn fliessen, das sich in
einem mit kaltem Wasser oder mit Eis gekühlten Gefässe befindet. Zinnchlorid, wasserfrei.

Von festen Substanzen finden Verwendung:

Aetznatron in Stangen, Aetzkali in Stangen, Kaliumbisulfat (saures schwefelsaures Kali), Paraffin zur Bereitung von Paraffinbädern, weisser Quarzsand.

Alle hier angeführten Reagentien sind in chemisch reinem
Zustande zu verwenden. Unter der Bezeichnung Wasser ist
stets destillirtes Wasser gemeint, dasselbe ist zur Herstellung
sämtlicher Lösungen zu verwenden.

Der Soxhlet'sche Extraktionsapparat[1].

Der Apparat, welcher als Vorrichtung zum Extrahiren von
Fetten etc. öfters Erwähnung fand, möge hier noch kurz beschrieben sein. Derselbe besteht (Fig. 1) aus einem ca. 18—20 cm
langen, oben offenen Glascylinder C von ca. 3—3,5 cm Durch-
messer, an dem geschlossenen Ende ist ein etwa 8 cm langes
Glasrohr D von ca. 1,5 cm innerer Weite, angeschmolzen. Letzteres wird in ein Rundkölbchen von ca. 100—150 ccm Inhalt mit
Hilfe eines gutschliessenden Korkes eingesetzt. C und D sind
durch das Rohr R miteinander verbunden. H ist eine Hebervorrichtung, welche am Boden von C seitlich über der Ansatz-
stelle von D eingelassen ist und in das Kölbchen mündet. Der
ganze Apparat ist auf einem Wasserbade mit Hilfe einer Klemme
festzuhalten.

---

[1] Die Lösung von Bienenwachs findet beim Ausäthern im Soxhletapparate nur unvollständig statt. Für diesen Fall ist das Ausziehen durch
direktes Erhitzen des Gemisches oder Gewebes etc. mit Aether in einem
Kölbchen am Rückflusskühler vorzuziehen.

In den Glascylinder bringt man nun eine Hülse[1]) (Fig. 2) aus Filtrirpapier, beschickt mit dem zu extrahirenden Körper, schliesst dieselbe lose mit etwas Watte und verbindet die weite Oeffnung des Cylinders durch einen Kork mit einem Kühler, am besten mit einem Kugelkühler, nachdem man vorher etwa 50 ccm Aether oder Petrolaether in das Kölbchen gebracht und soviel von derselben Flüssigkeit in den Cylinder gegossen hat, dass sie gerade durch die Hebervorrichtung abgezogen wird und in das Kölbchen fliesst. Beim nun folgenden Erhitzen auf dem Wasserbade kommt der Aether ins Sieden, die sich entwickelnden Dämpfe gelangen durch das Rohr D und weiter durch R in den Kühler, werden verdichtet und fliessen auf die Hülse herab, deren Inhalt durchtränkend und Fette etc. auslaugend. Hat die Flüssigkeit durch fortgesetzte Destillation nach oben den Stand h erreicht, so wird sie in das Kölbchen von selbst abgehebert.

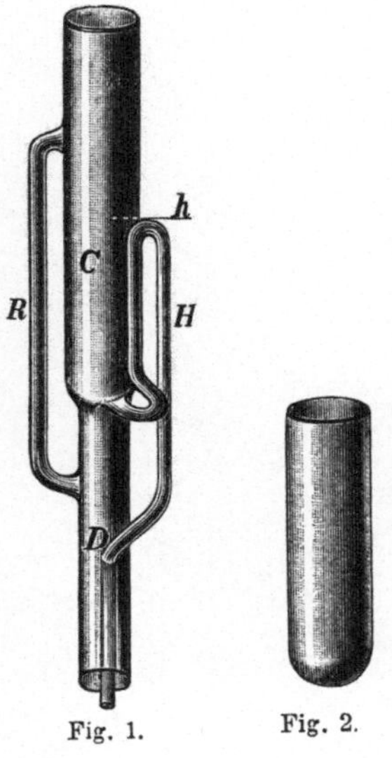

Fig. 1. Fig. 2.

Während die gelösten Fettantheile nun im Kölbchen verbleiben, destilliren neue Aetherdämpfe in die Höhe und das Spiel wiederholt sich fortgesetzt, bis schliesslich alle Fettantheile in Lösung übergeführt sind. Da eine schwache Verdunstung von Aether nicht zu vermeiden ist, so empfiehlt es sich bei lang dauerndem Arbeiten mit dem Apparate den Aether in der Hülse von Zeit zu Zeit zu ergänzen.

---

[1]) Dieselben liefert die Firma Karl Schleicher & Schüll, Düren, Rheinland.